» ★ 『农家书屋』特别推荐书系 ◄

》种植技术类

优质牧草栽培及加工技术

林大木 梁伟/主编

U0194175

湖南科学技术出版社

图书在版编目(CIP)数据

优质牧草栽培及加工技术/林大木,梁伟编著.—长沙:
湖南科学技术出版社,2002
ISBN 978 - 7 - 5357 - 3437 - 2

Ⅰ.优… Ⅱ.①林…②梁… Ⅲ.①牧草 - 栽培②牧草 -
加工 Ⅳ.S54

中国版本图书馆 CIP 数据核字(2009)第 031123 号

优质牧草栽培及加工技术

主　　编:林大木　梁　伟
责任编辑:彭少富
出版发行:湖南科学技术出版社
社　　址:长沙市湘雅路 276 号
　　　　　http://www.hnstp.com
印　　刷:唐山新苑印务有限公司
　　　　　(印装质量问题请直接与本厂联系)
厂　　址:河北省玉田县亮甲店镇杨五侯庄村东 102 国道北侧
邮　　编:064101
出版日期:2017 年 10 月第 1 版第 2 次
开　　本:787mm×1092mm　1/32
印　　张:5
字　　数:91000
书　　号:ISBN 978 - 7 - 5357 - 3437 - 2
定　　价:20.00 元

前　言

中国是一个农业大国，又是一个人口大国。在温饱问题解决之后，增加农民收入，提高人民生活水平，满足人们对动物性食品的需求，已成为农村稳定和国民经济发展的重要任务。2001年11月，江泽民同志在中央经济工作会议上的讲话中提出"要尽快把畜牧业发展成一个大产业"，为农业结构的调整和农村经济的发展指明了方向。改革开放以来，我国粮食生产在总量上有了较大的增长。但由于人增地减的双重压力，我国的人均粮食占有水平并没有明显地提高（低于联合国制订的粮食安全线）。所以，试图通过增加粮食生产来发展耗粮型畜牧业——牲猪，以增加动物性食品的道路已越走越窄。我国科技工作者经过多年的探索，终于找到了一条解决这个矛盾的办法，即调整农业和畜牧业结构，大力发展草食动物，走种草养畜、以草代粮之路。把饲草、饲料生产纳入农业生产计划，形成粮食、经济作物、牧草三大产业齐头并进，按比例发展的格局。

　　种草养畜由于节粮、高效、优质、安全，有利于环保和能可持续发展，正在全国各地兴起。各级政府也制定了一系列鼓励种草养畜，发展草食动物的优惠政策，吸引越来越多的人投入到种草养畜的行列中来。由于长期以来对种草养畜和牧草加工的忽视，人们对牧草的人工栽培和加工利用并不熟悉，因此，迫切需要推广和普及这方面的实用技术。正是在这种背景之下，长沙市畜牧水产局、湖南天泉科技开发有限公司组织科技人员编写了这本小册子。本书精选了40多种适应温带和亚热带种植的优质牧草，重点介绍了这些牧草的栽培技术和加工调制技术。适应广大农民朋友、基层科技人员、农村工作者及农业院校师生阅读参考，也可作为种草养畜的培训资料。希望能为种草养畜的发展贡献一份力量。由于时间仓促，水平有限，书中不当之处在所难免，敬请广大读者和专家批评指正。

编　者

目　　录

一、牧草栽培概况

我国是一个人多地少的国家，人均占有耕地面积只有0.08公顷（1公顷＝15亩），仅相当于世界人均占有耕地面积（0.258公顷）的3/10。目前，全国平均每年增加1500万人，耕地减少40余万公顷，由于人增地减的双重压力，虽然我国粮食单产逐年提高，但人均粮食产量基本没有增加，一直在400千克左右徘徊，如1998年为356.08千克，离国际上公认的粮食过关标准500千克还差144千克，明显低于丹麦（1765.84千克）、美国（1276.16千克）等发达国家。因此，通过增加粮食生产发展畜牧业来增加动物性产品的可能性越来越小，饲料粮的短缺已成为制约我国畜牧业发展的重要因素。据估算，2000年我国缺少能量饲料4200万吨、蛋白质饲料2400万吨。占我国土地面积中40%多的天然草地，按理说是我国畜牧业发展的重要物质基础，然而，由于不合理地利用（主要是滥垦和过牧），其中1/3以上的面积已经退化、沙化、碱化，1/3的面积遭受鼠害、虫害。草地有效面积减少，实际可利用的草原面积只有2.25亿公顷左右，草原生产力严重下降。据典型调查，草原平均产草量（干草）只有 892.2 千克/公顷，比 20 世纪 50 年代下降了 30% ~ 50%，6.67 公顷（100 亩）的载畜量只有 0.67 个牛单位*，而荷兰高达 27.26 个牛单位。要恢复草地的生产力，需要加强保护，增加投入，经过几代人的努力才能实现，故难以把发展畜牧业生产全部寄托在草地上，而且天然牧草营养价值低，利用期短，不能适应现代畜牧生产的需要。因此，利用各种土地资源特别是农区的土地资源开展种草养畜（主要是草食家畜），是我国现阶段及未来畜牧业发展的重要战略之一，具有重要的意义和广阔的发展前景。党的十五届三中全会上作出了"稳定发展生猪生产，突出发展草食型、节粮型畜禽业"的重大决策，必将极大地促进我国种草养畜事业的发展。

一、人工种草养畜的优点

（一）人工种草具有良好的经济效益

人工种草是指人工种植能作为畜禽饲料的草本植物，俗称饲草。因饲草新鲜茎叶富含叶绿素，又称青绿饲料。饲草主要包括天然牧草、栽培牧草、刈取利用的饲料作物，以及田间杂草、水生植物、嫩枝树叶等。优良的饲草营养价值高，适口性好，适合于多种畜禽特别是草食畜禽

---

* 牛单位：是以体重为基础计算畜牧业结构或家畜营养需要的一个粗略标准。牛单位的原意是以体重454 千克（1000 磅）的成年母牛作为一个单位。其他不同种类、年龄和体重的家畜，按此换算。

饲用，是草食畜禽最主要的经济、安全型饲料。草原地区，饲草几乎是家畜惟一的饲料；在农区，人工栽培或野生的饲草仍是草食畜禽的主要饲料。畜禽的配合饲料中，使用部分饲草产品（草粉）可以降低成本，提高畜禽产品的产量和质量。

种草养畜单位面积的生物产量和营养素产量高，成本低，经济效益高于种粮食。黑麦草一般每 667 平方米（1 亩）产量 5000 千克，高的可达 8000 千克，可提供干物质 742.5 千克、粗蛋白质 90 千克、产奶净能 5334 兆焦，产值约 600 元。如要种植粮食提供与黑麦草同样数量的蛋白质、能量和产值，则需种植 847～1806 平方米稻谷、767～1746 平方米玉米或 1500～2413 平方米大麦。

牧草养分的总产量超过粮食作物。比如玉米籽粒只占全株总能的 45%，小麦占全株总能的 48%，大豆仅占全株总能的 38%，而牧草全株都能较好地被畜、禽、鱼所利用，在数量相同的土地上种草养畜的经济效益远比种粮食养畜要高得多。

（二）人工种草养畜可缓解人畜争粮矛盾

同样数量的土地，通过种植优质饲草比种植粮食作饲料至少可增产饲料 50% 以上。饲草利用对象主要是草食畜禽，它们是节粮型动物，消耗粮食少，能利用人类不能食用的饲草资源生产动物性产品。如增重 1 千克需消耗的精料量（千克）为：猪 4.9，鸡 2.4，兔 2.5～3（其中 1/3 为粗料），鹅 1～1.5。牛以食草为主，饲喂 1 千克精料就能生产出 3 千克牛奶。羊精料补充与增重比为 1:1 左右，牛羊等反刍动物对粗饲料的利用率高，奶牛达 66%，羊达 80.9%，生产成本低，耗粮少。通过种草养畜，可以有效缓解我国粮食不足、人畜争粮的矛盾。

（三）人工种草有利于推动农业和畜牧业结构优化

中华人民共和国成立以来，我国一直把解决人们温饱问题作为国计民生的头等大事来抓，形成了农业生产以种植业为主，种植业又以粮食为主，其次是经济作物，几乎没有饲料、饲草的生产体系，即为"粮－经"二元结构。畜牧业中又以猪为主，草食畜禽牛、羊、兔、鹅的比例很低。不同经济发展类型国家和中国 1998 年的肉类结构比较见表1－1，从表中可以看出，肉类比例排序基本一致，依次为猪肉、禽肉、牛肉、羊肉，但比例值相差很大。与世界平均水平相比，我国肉类组成中猪肉比例偏高，牛肉比例偏低。

表1－1 不同经济发展类型国家和中国的肉类结构比较 （%）

项 目	猪 肉	家禽肉	牛 肉	羊肉
世界平均	38.78	27.94	26.32	5.14
发展中国家	41.42	26.65	23.14	6.71
发达国家	35.83	29.38	29.88	3.23
中 国	66.98	20.14	7.85	3.98

今后，我国粮食增产的任务应主要是增产饲料，而饲料生产效率的高低，应以单位土地面积种植饲料转化为畜产品的数量作为标志。所以，必须改变饲料生产依附于粮

食生产的状况，确立饲料生产在种植业中的战略地位。由此决定种植业结构调整的方向应该是：通过种饲草养畜，实行粮草轮作、林草间种、果草间作、农林牧结合，逐步把农业生产中的"粮－经"二元结构改变为"粮－经－草"的三元结构，使它们的比例达到5:2:3；通过重点发展节粮型的牛、羊、兔、鹅生产，提高草食型畜禽的比重。种草养畜可以推动农业和畜牧业结构的优化，促进传统项目向优势产业的转变。

（四）种草养畜有利于满足市场需求

随着经济的发展和生活水平的提高，人们的饮食由温饱型向营养健康型转变。目前，我国人民的饮食结构中，主要问题是蛋白质含量偏低，质量不高。动物性食品的蛋白质量多质优，一般比谷类食品高 0.6 ~ 2 倍以上，而且所含氨基酸比较齐全，限制性必需氨基酸含量较高，容易被人体消化吸收。所以，人们对动物性食品的需求不断增加。随着人们健康意识的提高，对高蛋白质、低脂肪食品，如牛乳和牛、羊、兔、鹅肉的需求显著增加。大力发展种草养畜，提供更多的高蛋白质、低脂肪食品，有利于满足市场需求，改善人们的膳食结构，提高中华民族的身体素质。当前，人们十分关注食品安全，草食畜禽食品是比较安全的绿色食品，因为食草动物一生中疾病相对较少，牧草很少喷洒农药，所补充的精料一般为天然原料加工而成，很少添加激素和抗菌药物，因此，草食动物食品很少有污染和药物残留，一般不会构成对人体的危害。

（五）种草养畜有利于促进农村经济发展

农业增效、农民增收是我国一项长期的战略任务。近几年，农民增收速度明显趋缓，甚至出现了增产不增收的情况。农民迫切希望找到一条新的致富途径，而种草养畜就是一条振兴农村经济、增加农民收入的有效途径。根据浙江省的试验：利用冬闲田种植黑麦草，一般平均每 667 平方米可产 5000 千克（高的可达 8000 千克），产值达 500 ~ 600 元，而种植成本明显低于种粮，经济效益显著；种植饲用玉米，平均每 667 平方米产 3500 千克，产值 630 元，扣除成本，纯利润可达 400 多元；种草养鹅，平均每只利润 7.5 元，如一户年出栏 150 只，不需要正式劳力，年收入可达 1125 元；种草养（肉）兔，每只母兔一年可繁殖 5 ~ 6 窝，每窝产仔 6 ~ 8 只，成活 5 ~ 6 只，共可出栏 25 ~ 30 只商品兔，体重达 3 千克，每只利润可达 10 ~ 15 元，这样计算，1 只母兔一年可获利 250 ~ 450 元；种草养奶牛，每头牛获利均在 2000 元以上，高的达 4000 元（表 1 – 2）。

表 1 – 2　种草养殖不同畜禽的经济效益[①]

种类	奶牛（头）	羊（只）	鹅（只）	兔（只）	肉牛[②]（头）	猪（头）	肉鸡（只）
效益（元）	2000 ~ 4000	100 ~ 200	5 ~ 12	10 ~ 15	500 ~ 800	100 ~ 150	1 ~ 3

注：① 资料来自浙江省 1999 年的调查数据
　　② 用架子牛育肥，育肥期为 6 个月左右

（六）种草养畜有利于农业生态系统良性循环

开展种草养畜，一方面为人类提供畜产品，同时每一头家畜都是一个小型的"有机肥料厂"。有机肥具有植物生产所需的各种营养元素，施用有机肥可以提高土壤中有机质的含量，使土壤不致板结，增强土壤的保水、保肥能力，而且不污染环境，所生产的产品对人类健康无害；可以减少化肥的用量，节省开支，降低成本，提高经济效益。由于种草养畜在农业生态系统中起着不断向系统归还营养物质的作用，维持了植物－动物－微生物三者之间组成的食物链的良性循环，使物质和能量的输入输出能互相交换、互相调节和互相补偿，从而为建立一个良好的农业生态系统创造了有利条件。

种草可以保护土壤，防止水土流失，进一步提高土壤肥力。饲草特别是多年生豆科牧草及禾本科牧草根系发达，能在土壤中积聚大量有机质，增加土壤中腐殖质的含量，使土壤形成团粒结构，不易受水的破坏，提高了土壤的肥力，增加后茬农作物的产量。据试验，冬闲期间种过黑麦草田块的水稻产量比未种过黑麦草田块的提高10% ~ 15%。尤其是豆科牧草的根系具有根瘤菌，可固定空气中游离的氮素，提高土壤中的氮素营养。通常一个生长季，每667平方米土地可固定氮素10 ~ 15千克。牧草生长茂盛的茎叶，可以覆盖在地面上，减少土壤地表水土流失，保持土壤水分。

二、国内外种草养畜状况

世界上畜牧业发达国家发展畜牧业的方式可分为两类：一类是基于优质草原的草原畜牧业，另一类是精料型的畜牧业。无论哪一种类型，都十分重视通过饲草来发展畜牧业。发达国家的畜牧业产值占农业产值的60%以上，而畜牧业产值中，草食畜禽业是主要的，仅牛一项就占70%以上。世界上肉与奶的50%来源于饲草转化。各国不仅重视利用天然草地，更重视利用人工草场和耕地以人工栽培方式生产优质高产饲草，提高土地生产力。饲料饲草种植业是一项极为重要的产业，这从栽培青绿饲料面积占耕地总面积的比重就可以清楚地看出来。如爱尔兰、英国、荷兰、德国、意大利、美国和日本的青绿饲料面积占耕地总面积的比例分别为92.5%、74%、65%、48%、45%、40%、18.6%。澳大利亚和新西兰作为世界草地畜牧业发达国家，有90%以上的畜牧业产值是由牧草转化而来的。美国的精料用量较高，但其畜牧业产值中由牧草转化而来的仍占73%。法国和德国草原面积较小，畜牧业产值中由牧草转化而来的亦占60%。在英国，羊营养的90%、肉牛营养的80%和乳牛营养的60%靠天然或人工草地获得。

国外除了饲草直接饲用（放牧、青刈等）外，还十分重视饲草的加工处理。饲草加工除了传统的青贮外，还包括草粉、干草块、干草颗粒等的生产。如作为一项重要的蛋白质、维生素饲料资源的干草粉，最早由英国开始生产，在欧美诸国发展很快。法国、丹麦、荷兰、俄罗斯等国都建立了大型专业化的草粉生产厂。美国每年仅苜蓿粉就达 190 万吨，绝大部分用于配合饲料，饲草加工设备先进、工艺科学合理、产品质量和生产效率较高。

我国种草养畜起步较晚，基础薄弱，但潜力很大，发展较快，特别是近几年农业和畜牧业结构的调整，加速了我国种草养畜的发展。目前，我国栽培饲草的面积仅占饲草总面积的 5%，生产的肉类中仅有 5% 是由饲草转化而来。但我国具有丰富的种植饲草的土地资源和饲草品种资源：南方有可利用的冬闲稻田 1080 万公顷，黄淮海地区有 3.3 万公顷冬闲棉田，北方干旱区有 667 万公顷的夏闲田，还有约 667 公顷的果园隙地、"四边地"等，共计约有 2600 余万公顷可用于种植饲草的土地资源。另外，国家开始实施西部大开发战略，大量坡地及其他不适合耕种的土地将退耕还林还草。

我国饲草产品生产刚刚起步，生产设备陈旧，机械化程度低，技术落后，产量和效益不高，配合饲料中草粉所占的比例很少，甚至没有。但我国饲草资源丰富，富含蛋白质的牧草很多，很适宜加工制成草粉、草块。目前，东北、内蒙古、新疆、河北、山东等地已建立了饲草产品生产基地，并建立了草粉生产加工厂。随着我国饲料加工业的发展，饲草产品生产必将快速发展起来。

三、种草养畜的发展前景

开展人工种草养畜，发展草食畜禽是我国农业产品结构和畜牧业结构战略性调整的重要组成部分。由于市场需求的拉动，加上政府的倡导和科技、资金的投入等，我国目前草食畜禽养殖业的发展呈现良好的态势，种草养畜的前景十分广阔。

一般反刍动物饲料中饲草可占到 70%～100%，猪饲料中饲草可占到 10%～15%，禽类饲料中可占到 3%～5%。1 头成年奶牛 1 天按 3 千克干草、10 千克青贮料、20 千克青绿饲料计，1 年就需要 1 吨左右的干草、3.6 吨青贮料、7.3 吨青绿饲料，全国 1 年仅奶牛（1998 年存栏成年奶牛 350 万头左右）一项就需干草 350 万吨、青贮料 1200 多万吨、青绿饲料 2500 多万吨。此外，还有 14168.3 万只山羊、12735.2 万只绵羊、16457.4 万只兔和 6 亿只鹅。根据我国 1998 年配合饲料产量 5600 万吨计算，我国每年可用于配合饲料的草粉在 560 万吨左右。由此可见，我国每年对饲草及其制品的需求量是非常巨大的。

除了国内市场，国外对饲草产品的需求也不断增加。据报道，国际市场每年饲草产品（草粉、草块、草颗粒等）需求量约 1000 万吨，其中美国每年用于配合饲料的草粉达 200 万～300 万吨，东南亚、日本、韩国及我国台湾省合计需求量超过 700 万吨。这些亚洲市场目前主要被美国和加拿大占领。但我国地理位置上的优势将使我国能够占领市场一席之地。

利用饲草发展草食畜牧业，具有节粮、高效、优质、环保、安全的特点，符合中国的国情，受到了党和政府的重视，正在全国各地深入地展开。因此，大力种草，开发饲草产品，发展草食畜禽养殖业意义深远，前景广阔。

二、优质牧草栽培技术

一、禾本科牧草

（一）多年生黑麦草

多年生黑麦草又称黑麦草、宿根黑麦草、牧场黑麦草、英格兰黑麦草。

多年生黑麦草是世界温带地区最重要的禾本科牧草之一。在我国南方各省、自治区都有种植，长江流域以南的中南山区及云贵高原等地有大面积栽培。多年生黑麦草原产于西南欧、北非及亚洲西南，在英国、欧洲、新西兰、北美和澳大利亚广泛栽培利用。

1. 特征特性

多年生黑麦草多为多年生草本植物。须根发达，分蘖多，茎秆细，中空直立，高 80～100 厘米，疏丛型，穗状花序，小穗互生，颖果被坚硬内外稃包住，种子无芒，呈扁平，千粒重为 1.5～1.8 克。

多年生黑麦草适合温暖、潮湿的温带气候，适宜在夏季凉爽、冬天严寒、年降雨量为 800～1000 毫米的地区生长。生长的最适温度为20℃~25℃，耐热性差，35℃以上生长不良，分蘖枯萎。在我国南方夏季高温地区不能越夏，但在凉爽的山区，夏季仍可生长。耐寒性较差，-15℃时不能很好生长。在我国东北、内蒙古和西北地区不能稳定越冬。遮荫对生长不利，对土壤要求较严格，在肥沃、湿润、排水良好的壤土和黏土地上生长良好，也可以在微酸性土壤上生长，适宜的土壤 pH 值为 6~7。

2. 栽培技术

多年生黑麦草可春播或秋播，最宜在 9~10 月份播种，播前需精细整地，保墒施肥，一般每 667 平方米施农家肥 1500 千克，磷肥 20 千克用做底肥，条播行距为 15~30 厘米，播深为 1~2 厘米，播种量每 667 平方米为 1~1.5 千克。人工草地可撒播，最适宜与白三叶、红三叶混播，建植优质高产的人工草地，其播种量为每 667 平方米多年生黑麦草 0.7~1 千克、白三叶 0.2~0.35 千克，或红三叶 0.35~0.5 千克。对草地要加强水肥管理，除施足基肥外，要注意适当追肥，每次刈取后应及时追施速效氮肥，生长期间注意浇灌水，可显著增加生产速度，分蘖多，茎叶繁茂，可抑制杂草生长。若用做干草，最适宜刈取期为抽穗成熟期。延迟刈取，养分及适口性变差。采种时种子极易脱落，当穗子变成黄色，种子进蜡熟期时，即可收获。采种田每 667 平方米产种子为 50~75 千克。

3. 营养与利用

多年生黑麦草营养丰富，经济价值高。茎叶繁茂，幼嫩多叶，适口性好，为各种家畜所喜食。是饲养马、牛、羊、猪、禽、兔和草食性鱼类的优良饲草。多年生黑麦草营养生长期长，草丛茂盛，富含粗蛋白质，茎叶干物质分别含粗蛋白质 17%、粗脂肪 3.2%、粗纤维 24.8%，含钙、磷丰富。适于青饲、晒制干草、青贮及放牧利用。青饲在抽穗前或抽穗期青刈，每年可刈取 3 次，留茬为5～10厘米，草场保持鲜绿，一般每 667 平方米产鲜草为 3000～4000 千克，放牧利用可在草层高 25～30 厘米时进行。每 667 平方米产种子为 50～80 千克。

多年生黑麦草生产快，成熟早。一般利用年限为 3～4 年，生活的每二年生产旺盛，生长条件适宜的地区可以延长利用。

（二）多花黑麦草

多花黑麦草又名意大利黑麦草。

此草为一年生黑麦草，原产于欧洲南部、非洲北部及小亚细亚等地。13 世纪已在意大利北部草地生长，故名为意大利黑麦草。现已成为我国长江流域以南降水量较多的亚热带地区广泛栽培的优良牧草。多花黑麦草品种较多，其中高产、优质的品种有俄勒岗黑麦草等。

1. 特征特性

多花黑麦草须根密集发达，根系浅，茎疏丛状，光滑，直立，株高 80～100 厘米，叶长而较宽，叶色为浅绿色，叶耳大，叶舌较小或不明显，叶鞘疏松，基部为红褐色。穗状花序，穗宽 17～30 厘米，长 10～20 厘米，每穗

有小穗 30 个左右，互生于主轴两侧，每小穗有小花
10～20朵，故名多花黑麦草。外稃具细弱短芒，长约 6 毫
米左右，此为与多年生黑麦草明显区别之处。每穗结种子
100 粒左右，千粒重约 1.5 克。

　　多花黑麦草喜温和、湿润、凉爽气候，最适生长温度
为 20℃，在排水较好的肥沃壤土或黏土、年降水
1000～1500毫米的地区种植，生育良好，适宜的 pH 值为
6～7。种植在较瘠薄的微酸性土壤上能生长，但产量较
低。该草较耐寒，不耐热。在我国南方，夏季高温炎热，
不能越夏；在北方寒冷地区，不能越冬。春天气温适宜
（月平均气温 15℃～20℃），生长迅速。

　　2. 栽培技术

　　（1）前期准备

　　①除杂草　在播种前采用草甘膦等除草剂，对田间杂
草进行清除。如果在晚稻收割之前除草，由于黑麦草与水
稻同属禾本科植物，除草剂宜采用二甲四氯，稀释后喷洒
于晚稻基部以下田里（最好喷洒后经日晒，阴雨天会影响
效果）。

　　②整地　黑麦草种子小而轻，因而要求播种的畦面平
整、无土块，田四周开深沟排水，沟深 30 厘米、宽 30 厘米。
畦间开浅沟，深 15～20 厘米，宽 20 厘米（山坳冷水田尤为
重要），做到田间无积水，土面保持湿润，出苗后力求水不淹
苗。旱地可视实际情况而定。旱地直播时，先翻土，后整地。
若水稻收割之前直播，播后要撒施细土覆盖。

（2）播种　黑麦草春、秋两季均可播种。由于秋播刈取利用次数多，抗逆力优于春播，总产量高，故一般提倡秋播，收获后作为冬季牧草使用。秋播可在8月下旬到11月中下旬播种（以早播产量高），如在单季稻收割前播种，要在割前7～10天播。播种方式用点播、条播、撒播均可。条播行距30厘米，深1～2厘米。播种量每667平方米1～2千克，如苗床培育壮苗后移栽，可节省播种量。如与紫云英、白三叶等豆科牧草混播，可减少播种量30%左右。在旱地、水田地区播种，种子要预先用1%石灰水浸种1～2小时，这样可提早出苗，提高发苗率。

（3）施肥　多花黑麦草对水肥条件敏感，尤其对氮肥。如果在各生育阶段水肥充足，就能显著增强分蘖和株丛的生长速率，增产效益明显。因此，在播种时每667平方米必须施有机肥3000千克左右作基肥，种子用20千克钙镁磷肥拌种。苗期和每次刈取以后，要追施氮肥，每667平方米施10千克尿素或硫酸铵。平时如有条件，可用栏肥稀释后均匀薄施于田表，有助于增产。一般每667平方米可产青草5000千克以上。

（4）田间管理　多花黑麦草苗期如杂草过多，要及时进行一次除草，如果土壤板结，要进行中耕，结合培土。分蘖盛期后生长旺盛，覆盖度好，有较强的抑制杂草能力，不必除杂草。多花黑麦草对水分条件反应比较敏感，在分蘖、拔节、孕穗期适当浇水，增产效果明显。遇干旱要及时灌水，保持田间湿润。该草抗病虫害能力较强，在苗期如发现地老虎幼虫或蝼蛄为害，可用二二三、敌百虫诱杀，或用杀蚜素喷洒。留种用植株到后期如发现赤霉病和冠锈病，应尽早喷洒二硝散、灭菌丹等杀菌剂防治。

3. 营养与利用

多花黑麦草品质优良，柔嫩多汁，营养丰富，适口性很好，消化率高，所有草食家畜、家禽及鱼均喜食。据浙江省农科院畜牧兽医研究所测定，多花黑麦草干物质中含粗蛋白质 18.67%、粗脂肪 5.38%、粗纤维 23.02%、无氮浸出物 44.80%、粗灰分 8.13%。

多花黑麦草宜刈取的草层高度为 30～40 厘米。刈取迟早、次数及产草量除了与土壤水肥条件有关外，播种期的影响也较大。在长江流域地区初秋播种的多花黑麦草，年内可刈取 1～2 次，翌年起至 6 月上旬可刈取 3～5 次，每 667 平方米产量达 5000 千克以上。品种不同对产量亦有较大影响，多花黑麦草中的俄勒岗黑麦草比一般意大利黑麦草的产量高 10.7%。一般最佳利用时期是分蘖盛期和拔节时期，此时株高约 40 厘米，质和量兼优。刈取时留茬 50 厘米，以利再生。除刈取作青饲料外，也可制备干草、草粉或放牧利用，晒干率为 20%～25%。制作青贮料，效果良好。

多花黑麦草如要留种，可在刈取 1～2 次后留种。不经刈取，易引起植株倒伏，影响种子饱满度，而且种子成熟后易脱粒。因此，当基部叶片转黄、穗呈黄绿色时，应抓紧时机在早晨或阴天收获种子。每 667 平方米可产种子 25~75 千克。

(三) 速生黑麦草

1. 特征特性

速生黑麦草为四倍体。种子萌发快，苗期长势旺盛，杂草控制能力强，草地建植快。适应于湿润、温暖的气候条件。速生黑麦草耐寒、耐湿性较强，是南方冬季鲜草的优良品种。速生黑麦草对土壤中氮肥水平较为敏感。在氮肥充足、土壤湿润和适宜的生产管理条件下，能使该草快速生长和强分蘖能力等特性得以发挥。株丛生长茂密、高大，叶片多，可获得较高的产量。速生黑麦草草质柔嫩，营养丰富，适口性好，可消化率高，是饲养草食动物的优质牧草。

2. 栽培技术

(1) 整地　速生黑麦草种子细小，要求浅播，所以整地要细碎松软，垄面平整略弓背，四沟相通排灌方便。稻板田直播时，首先应将稻田高低不平的地方铲平填平，并清除杂草。

(2) 播种　黑麦草播种期较长，既可秋播又可春播。专用饲料地应利用 9~10 月份有利气候早播，可以提高黑麦草产量。若为水稻后作，只能等晚稻收割后抓紧时间播种，9 月下旬播种到翌年 4 月中旬可以收割 4 次。春播作饲料用只能收割 1~2 次，产量低。但作肥料或留种用是完全可以的。1 月中旬播种，每 667 平方米留种产量可达

50 千克以上。

　　播种方式点播、撒播、条播均可，撒播方式最为省工。条播行距 15～30 厘米，播种深度 1.5～2.0 厘米。播种量每 667 平方米 1.5～2.0 千克。

　　为了使黑麦草出苗快而整齐，可先将黑麦草种子放在 40℃的清水里浸种 12 小时，然后捞起、堆放催芽。当黑麦芽种子露白时，即可播种。有条件的地方，可用钙镁磷肥 10 千克/667 平方米、细土 20 千克/667 平方米与种子一起拌和后播种。这样可使种子不受风力影响，确保播种均匀。

　　稻板田直播时，待播种后，每隔 2～4 米开一条排水沟，并将沟中土敲碎，覆盖在垄面上，作盖籽用。

　　（3）施肥　在施肥技术上应做到基肥足，追肥速。基肥可用腐熟的猪、牛粪，每 667 平方米 3000 千克左右，将猪、牛粪均匀撒施后再翻耕、整地。追肥是指苗肥、分蘖肥和每次刈割后施用的肥料。当出苗后在 2 叶期追施尿素 5～7 千克/667 平方米；幼苗开始分蘖追施分蘖肥 10 千克/667 平方米；以后刈割一次追肥 10 千克/667 平方米。

　　（4）收割　当黑麦草长到 25 厘米以上时就适时收割，若植株太矮，产草率不高，收割作业也困难。每次收割，留茬 5 厘米，以利残茬再生。一般情况下，速生黑麦草的年产量为：秋播可产鲜草 5000～6000 千克/667 平方米，春播可产鲜草 2000～3000 千克/667 平方米。

　　（四）象草

　　象草又名紫狼尾草，原产于非洲热带地区，在全球热带和亚热带地区广泛种植。20 世纪 30 年代引入我国广东、四川、广西等地，现已遍及广东、广西、海南、福建、云南、贵州、江西、湖南等省、自治区，冬季温暖地区可以在留种田自然越冬，冬季寒冷的地区需采取保护措施才可安全越冬。

1. 特征特性

象草是禾本科狼尾草属多年生草本植物。植株高大，一般高 2～3 米。根系发达，大部分须根分布于深 40 厘米左右的土层中。茎丛生直立，有节，圆形，直径 1～2 厘米。分蘖力强，一般有分蘖 10 个以上，多时 50～100 个。叶互生，叶面散生茸毛，中脉白色，明显，叶长 60～100 厘米，宽 1～3 厘米，绿色，有细密锯齿状叶缘，叶鞘边缘具粗茸毛，叶舌小。茎节上叶腋可抽出新株。在长江流域不能抽穗、开花、结实，故栽培上均采用茎节进行无性繁殖。

象草喜温暖湿润气候，不耐低温，在气温 12℃～14℃时开始生长，25℃～32℃时生长迅速，8℃～10℃时生长受抑制，5℃以下时停止生长。但在长江流域绝大部分地区只要冬季在茎基部培土覆盖，或者用畜栏粪或垃圾覆盖，就能安全越冬。象草对土壤选择不严格，砂土、壤土和酸性土壤均能栽植。象草是喜肥牧草，但适应性广，无论肥沃或贫瘠的低坡、荒山、堤岸、沟旁、塘边、屋前屋后闲散杂地都可种植，既有饲草作用，又有水土保持作用，并且还是造纸的好原料。象草根系发达，耐旱力较强。据观察，在连续 2 个月干旱的情况下，仍能生长良好，但只有水分充足，才能获得高产。抗病虫害能力强，很少发现病虫害。象草能一次种植，多年收割利用，前3年长势最旺，产量也高，以后逐年减弱，产量也渐低，故每隔4~5年后需要重新种植。

2. 栽培技术

（1）整地 每667平方米施畜栏粪3000~5000千克、磷肥10~15千克、钾肥10千克，再行翻种、作畦，畦宽1米，排水沟深20厘米以上。

2. 选种 选择粗壮茎秆，3~5节切成一段，每畦种2行，行距50厘米左右，开条沟，沟深约10厘米，种茎平放入沟中，然后用碎土覆盖。

（3）田间管理 出苗后，及时中耕除草，防止草荒。遇天晴久旱应及时抗旱灌水，以保证全苗（最好建一苗床，以备补苗之用）。出苗后结合中耕除草，早施追肥，每667平方米施人粪尿1000~1500千克，促使早分蘖。当株高达1米左右时，就可刈取利用，每次刈取后，每667平方米追施1000~1500千克人粪尿（每50千克加速效氮肥0.5千克），以促进再生。

（4）留种 作种茎繁殖的植株，刈取次数不宜过多，刈取2~3次后，继续生长100天以上至"霜降"前后，选择刈取下部的粗壮植株，截去植株末梢，贮藏于地势高、朝南、向阳背风、排水良好的土坑窖内，层层排放，高1米左右，并稍加镇压，上盖一层叶片，覆土20厘米左右，窖面做成拱形，待入冬发生严重冰冻前再适当加厚覆盖土层，防止冻害。次年3月就可开窖取出，用于繁殖，每667平方米用种茎100~200千克。留在地里的老茬用土杂肥等培土覆盖，既保温又增肥，既能做到安全越冬，又能达到翌年早发的目的。

（5）收获　象草当年种植即可刈取，在生长旺季每隔20~30天可刈取1次，一般每667平方米产10000千克以上，高的达20000千克。青刈不宜过早或过迟，一般以株高1米左右收割为宜，此时叶片茎节幼嫩，牲畜可全部利用。

3. 营养与饲用

象草的营养成分见表2-1。

表2-1　象草的营养成分

成　分		水分（%）	干物质（%）	粗蛋白质（%）	粗脂肪（%）	粗纤维（%）	无氮浸出物（%）	灰分（%）
样本	鲜草	87.1		1.29	0.24	4.04	5.45	1.17
	风干物		100	10.58	1.97	33.14	44.70	9.61

象草早期青刈细嫩，质量较好，适口性甚佳，为牛、羊等草食家畜所喜食，可青饲、青贮或晒制干草。但象草是高秆牧草，茎基部易老化，收割过迟则纤维增多，品质下降，营养价值降低。

（五）苏丹草

苏丹草原产非洲。我国长江流域及南方各省引进试种后，不论在良田，还是在新开垦的荒地荒山、屋前屋后零星地、塘堤杂地，均表现良好，是一种很有生产价值的夏秋季利用的优质高产牧草。

1. 特征特性

苏丹草是禾本科高粱属 1 年生草本植物。其生态特征类似高粱，生育期 120 天左右。株高 2 米以上，根系为须根，根系发达。茎粗随密度不同而变化，一般 0.8～2 厘米，茎基部有不定根。分蘖力强且持续时间长，主要在靠近地面的几个茎节上产生分蘖，分蘖数目因栽培条件不同而异，一般 7～15 个，多的达 20 个以上。叶片宽线形，长 60 厘米左右，宽约 4 厘米，叶鞘较长呈包茎，每茎有叶片 7 片左右，叶色深绿，表面光滑。花序为疏散圆锥状，花序分枝细长，颖片较厚；小穗对生于小分枝上，一个有柄的为雄蕊，不结实，一个无柄的为完全花，能结实。颖果倒卵形，颜色依品种不同有黄色、棕褐色、黑色之分，千粒重为 9～10 克。

苏丹草属于喜温牧草，不耐寒，怕霜冻，种子发芽最适宜温度为 20℃～25℃，日平均温度为 15℃时即可播种，苗期生长缓慢，喜温暖湿润气候，对低温反应异常敏感。

苏丹草根系发达，抗旱力强，在年降雨量 250 毫米地方种植，仍可获得较高产量。但为了获得更多的青绿饲料，在生长旺季，遇到干旱时，必须适当灌溉，尤其在抽穗到开花期生长最快，需水量也最多，如严重缺水会影响其产量。苏丹草不耐涝，雨水过多，对生长不利。该草对土地适应性较强，在微酸或弱碱性土壤上均生长良好。红黄壤由于缺氮，应增施氮肥，以取得明显增产效果。

2. 栽培技术

（1）播种　栽种苏丹草的地块要深翻耕，细整地，做成深沟畦，有利于灌、排水。长江流域播种期以4月上中旬为好。播种密度应视土壤水肥条件而论，若水肥充足时，条播行距为25厘米左右。每667平方米播种量约需2千克左右。

（2）合理施肥　合理施肥是苏丹草鲜草增产的关键。在肥水充足条件下，每667平方米产量可达10000千克左右，所以翻耕时应施足基肥，每667平方米施畜栏粪3000~5000千克。苗期生长缓慢，要早施苗肥，每667平方米施人粪尿500~1000千克；每次刈取后增施再生肥，每667平方米人粪尿500千克（每50千克加尿素0.5~1千克），这样不但能促使早再生，而且对提高单产效果显著。

（3）田间管理　苏丹草苗期生长缓慢，与杂草竞争力差，为了防止草荒，应及时中耕除草，保持土壤疏松，一般苗期中耕除草2~3次。同时，在多雨季节，田间积水对生长不利，应做好开沟排水工作。

（4）收获　青刈每年可割3~5次，留茬10厘米左右，以利再生，一般全年667平方米产鲜草7000~9000千克。留种田不宜割青利用。苏丹草为风媒授粉植物，故应注意不同品种不宜就近栽种。同时，由于种子成熟不一致，应做到随熟随采，及时晒干贮藏，一般667平方米产种子75~100千克。

3. 营养与饲用

据分析测定，苏丹草风干物中含粗蛋白质 17.81%、粗脂肪 3.63%、粗纤维 24.54%、无氮浸出物 54.62%、粗灰分 12.77%。粗蛋白质中含有 17 种氨基酸，总量为 11.54%。

苏丹草茎叶产量高，比较柔嫩，适口性好，饲喂牛、羊、兔等家畜，效果很好，也可青贮或晒干，各种牲畜均喜食。同时也是池塘养鱼的优质青饲料之一。

（六）杂交狼尾草

杂交狼尾草是以美洲狼尾草为母本、象草为父本的杂交种，只能以 F_1 代种子或无性植株进行繁殖利用。自 1981 年从美国引进以来，很快在我国南方各省、自治区推广。多年实践表明，杂交狼尾草产量高，适口性好，可较好地解决本地养殖业夏季缺青饲料的矛盾。

1. 特征特性

杂交狼尾草系多年生牧草。茎秆圆形，丛生，粗硬直立，株型较紧凑，株高 2～2.5 米，耐刈割，再生力强，一个生育期内能刈 3～5 次。叶片条形，互生，多叶，分蘖力强，一般有 15 个左右。根深密集，须根发达，根系扩展范围很广，主要分布在 20 厘米土层内。穗长 20 厘米左右，穗状圆锥花序，在一般情况下不能结种子。杂交狼尾草全生育期约 130 天左右。

杂交狼尾草喜温暖湿润气候，耐低温能力差，在日温达到 15℃以上时开始生长，25℃～30℃时生长最快，当气温低于10℃时生长受到抑制,气温低于0℃时则会冻死。杂交狼尾草抗倒伏能力较强,在盛夏台风季节,即使大风大雨同时发生,一般也不会倒伏,这主要是由于它有强大的根系,将植株牢牢固定在土壤中。既抗旱又耐湿、耐水,在秋季干旱少雨季节,不仅不会枯死,而且仍可获得较好的产量。在根部淹水的情况下,时间达数日之久也不会被淹死,只是长势差一些。具有一定耐盐碱性,在含氯盐0.5%的土壤上仍立苗不死,但长势差,土壤氯盐含量达0.5%以上时不能立苗。对肥料特别是氮素肥料需求量大,在高氮肥施用条件下,可以获得极高产量。每667平方米施用20千克氮素,鲜草产量可超过10000千克。对微肥锌特别敏感,在缺锌的土壤上种植,叶片发白,生长不良,如不及时补充锌肥,植株就会死亡。对土壤的要求不甚严格,在各种土壤上均可生长,以土层深厚、保水良好的黏质土壤最为适宜。在瘠薄的土壤上,只要加强肥水管理,同样可以获得较高的产量。总之,杂交狼尾草具有较强的抗逆性,抗旱、耐湿、耐酸、较耐盐碱、抗倒伏。

2. 栽培技术

(1)育苗繁殖　杂交狼尾草是利用F_1代的杂种优势,故只能以F_1代种子或无性植株进行繁殖。

①种子育苗　由于F_1代种子繁殖生产较难,种子价格较贵,通常采用种子育苗后再进行移栽定植。为此,先选择土质肥沃、排水便利的田块作苗床,在4月上旬播种时尚需采取尼龙薄膜覆盖育苗,待苗长至5叶以上时可以

移栽定植。

②无性繁殖　杂交狼尾草的根、茎等无性器官均可作为繁殖材料，并可获得相当高的鲜草产量。

据江苏省农科院研究，杂交狼尾草采用分根繁殖方式的鲜草产量高于种子繁殖或茎段繁殖的鲜草产量。若以茎段进行加速繁殖时，常以生长 60～70 天的植株茎段繁殖，并以下部茎段为好，因为茎段上的侧芽是从植株下部向上部逐步形成的，越下部的茎段扦插成活率越高。

不论杂交狼尾草是以分根繁殖还是茎段繁殖，均需要在年前做好越冬保暖工作。具体办法是：在初霜到来前，取生长 70 天以上的茎秆的下部茎段，将其埋在预先挖好的深度距地面约 50 厘米的浅坑内，然后在茎段上面平盖一层薄膜并覆土，再设一小棚即可；也可以将经过多次收割利用后的根茬集中密栽到预先准备好的地上，然后覆盖塑料薄膜，再设一小棚保温。总之，只要冬季保持越冬场所温度不低于 0℃，越冬保种均可获得成功。

（2）整地移植　栽种杂交狼尾草应尽量选择土层较深、土质较肥的地块。每 667 平方米施 2000～3000 千克栏粪作基肥，深耕细耙后作畦。若用种子育苗，当苗长至 5 叶以上时移栽，移栽密度以行距 40 厘米、株距 20 厘米为宜；若栽种茎段，以行距 40 厘米把茎段平铺在畦面上，上面覆浅土，待出苗后再行补苗，以确保每 667 平方米有 800 株苗左右。

（3）中耕施肥　幼苗期生长较缓慢，应加强管理，及时中耕、除草、追施氮肥，每次每667平方米施5～10千克尿素。

3. 青刈利用

主茎开始拔节，一般苗高50厘米以上就可青刈利用，但第一次刈取时留茬高度不得低于10厘米。

杂交狼尾草草质柔嫩，营养成分较高，粗蛋白质含量为9%～12%，但随着施肥水平的高低而有明显的差异。据江苏省农科院研究，不施氮肥，其粗蛋白质的含量为10.87%，每667平方米产粗蛋白质仅为79.5千克；在每667平方米施20千克纯氮的情况下，粗蛋白质含量为15.31%，鲜草667平方米产量超过10000千克，667平方米产粗蛋白质为157千克，相当于无氮区的1倍左右。杂交狼尾草的粗脂肪含量3.46%、粗纤维28.33%、粗灰分12.19%、总可溶性糖为3.38%。

（七）"健宝"杂交饲草

"健宝"（Jumobo）杂交饲草是湖南天泉科技开发有限公司2001年从荷兰安地集团太平洋种子公司引进的新品种，由高粱和苏丹草杂交育成，具有高粱和苏丹草的优良性状。杂交优势显著，但只能通过杂交制种以 F_1 代种子进行繁殖利用。通过在湖南长沙、河北霸州的引种栽培试验，表现出耐高温、生长速度快、再生能力强、耐刈割、产量高、适应稻田种植的特点，可较好地解决夏秋季节饲草短缺的矛盾。该品种已在澳洲、欧洲、非洲、美洲、亚洲的20多个国家广泛种植。

1. 特征特性

"健宝"饲草系一年生禾本科蜀黍属牧草。茎秆圆形、丛生直立，株型较紧凑，株高可达 3~4 米，一个生育期能刈取 4~5 次，华南亚热带地区可刈取 6 次。叶片条形、互生、多叶。分蘖能力强，一茬刈取后分蘖数倍增一般 17 枝左右，最高达 32 枝。根深密集，须根发达，根系扩展范围宽，主要分布在 20 厘米土层内，茎基部长有不定根。穗长 20 厘米左右，为穗状花序，一般不结籽。"健宝"饲草全生育期 180 天左右，具有营养生长旺盛、维持时间长、晚抽穗（比同类牧草晚 4~6 周）等特点。

"健宝"饲草适应于高温、高湿的气候条件，耐低温能力差。当地温稳定在 16℃ 以上或达 18℃ 才能萌发生长。气温 30℃~35℃ 生长最快。在 38℃~39℃ 高温下也能正常生长。气温低于 15℃ 生长受到抑制，气温低于 0℃ 则会冻死。对氮素肥料需求量大，在基肥充足和高氮肥条件下可获得 16000~20000 千克的高产。对土壤要求不严格，适宜于在各种土壤中生长，耐旱但不耐渍，以土层较深、保水、排渍良好的黏性土壤最为适宜。在瘠薄的砂质土壤上，只要保证水肥供给，同样可以获得较高的产量。

2. 栽培技术

（1）土壤选择　土壤最好选择具有较好的保水、保肥、排渍能力的黏性土壤。因为黏性土壤呈酸性，熟化程度高，土壤结构好。但无论是在黏性或沙性土壤上种植，都不宜选择雨天积水或地下水位过高的地块。以排灌通畅的稻田或稻田改作菜地的土壤最为适宜。

（2）整地施肥　冬季或春季将土壤深翻20～30厘米，晒干、耙平、保墒。pH值低于6的酸性土壤应每667平方米施石灰100千克。结合整地每667平方米施腐熟农家肥（牛、猪粪）3000～5000千克和40千克复合肥（氮、磷、钾比例为2:1:5）。

南北走向分垄，垄宽2～3米，垄长以地块为度。四周留沟，沟宽25厘米，深20厘米，细碎整土。

（3）播种　播种时间在湖南一般选择4月中下旬，主要由地温来决定，当地温稳定在16℃以上或达18℃时可以播种。若用地膜覆盖可以提早到4月初。播种量，单一作物为1.5千克/667平方米，与其他牧草间播，播种量为1.2千克/667平方米。种子外有包衣应直接播入土中，不可用水浸泡。播种深度4～5厘米，播后覆盖2～3厘米厚的火土灰、煤灰或细沙，以利发芽和防止鸟类啄食。条播，播种行距，刈割鲜草为15～40厘米。放牧为50～80厘米。

（4）追肥灌溉　为了提高饲草的蛋白质含量和饲草的生长速度，应当保证充足及时的水肥供给。其中以氮肥最重要，在全苗期追施尿素5千克/667平方米左右。另外，每次刈取或放牧后，应追施尿素7.5～10千克/667平方米，如果有条件，可在每次放牧或刈取后泼施腐熟的农家肥1次，750千克/667平方米，有利于加速饲草生长。在干旱高温季节，适时灌水也是十分重要的。

（5）杂草病虫防治　杂草太多，与饲草争水、争肥、争空间，影响"健宝"饲草的产量，还会带来病害。在第一茬幼苗期，根部周围杂草应人工拔除。其余各茬在收割后可采用中耕除草方式或用二甲四氯丙酸除草。

"健宝"抗病虫害能力较强，在整个生长过程中病虫害较少。对地老虎、蚜虫、蚂蚁、卷叶虫，可用敌敌畏防治。晚期黑斑病、锈病可用波尔多液、灭菌丹等防治。

（6）收割　当"健宝"青苗长到 1.20～1.30 米时应及时刈取。过早影响产量，过迟蛋白质含量降低。每年可刈取 4～5 次，刈取时留茬 10 厘米左右以利再生。一般 667 平方米产鲜草 10000 千克以上，高的可达 16000～20000 千克。

3. 营养与利用

据湖南农业大学动物科技学院畜牧教研室测定，长沙市某乡所产"健宝"饲草风干后粗蛋白质含量为 12.73%、粗脂肪 1.85%、粗纤维 25.35%、无氮浸出物 40.07%、粗灰分 9.19%、干物质 89.37%、水分 10.71%。"健宝"饲草茎叶产量高，柔嫩适口，饲喂牛、羊、猪、兔、鱼效果很好。也可晒制青干草或制成青干草粉，还可制作青贮饲料。

（八）皇竹草

皇竹草是自南美洲引进的刈取型高大牧草，由象草与狼尾草杂交选育而成。因产量居各类牧草之首，秆形如小斑竹，故称"皇竹草"，被称为牧草之王。

1. 特征特性

皇竹草属多年生禾本科草本植物。根系发达，根可达3米以上；直立丛生，茎粗 3.5 厘米，节间长 9~15 厘米，茎节被叶鞘包围，有 22~25 个节，每节有一个腋芽和一个叶片，叶片宽大而弯垂，长 60~120 厘米，宽 3.5~4厘米，幼嫩叶片背面有稀疏刚毛，颜色较浅，略带黄色。密集圆锥状花序，呈圆柱形，长 20~30 厘米，颜色为浅绿色或黄褐色。

皇竹草喜暖耐寒，结实率较低，主要依靠营养枝繁殖（即种茎繁殖）。在温度达 10℃ 时开始生长，20℃ 以上生长加快，生长最适宜温度为 25℃~30℃，在 0℃ 以上能正常越冬，低于 7℃ 容易死亡。可于入冬前将根部或茎干放在大棚或地窖内，待来年再移植。皇竹草耐旱性能好，抗逆性强。

2. 栽培技术

（1）幼苗培育

①整地。选择排灌良好、土层厚、疏松肥沃的土壤犁耙整地，深耕 20 厘米，每 90 厘米分为一平畦，畦间留走道 20 厘米，畦上用清水灌湿。

②种植。温度在 10℃ 以上季节均可种植。选择无病害、完整无损的成熟粗壮的皇竹草茎秆作为种茎，按 1~2 个节切成一段，与地面成 45 度角密植斜播于平畦内，芽向上，盖土 2~3 厘米踩实，每平方米可育苗 120~150株。注意保持土壤湿润。

（2）移栽　幼苗经培育 10～15 天后移栽，采用挖穴栽植，穴深 20 厘米以上，每 667 平方米施底肥（农家肥）3000 千克、钙镁磷肥 10 千克，可促使分蘖。保持土壤湿润，但切忌长期积水。按行距 90～100 厘米，穴距 50～70 厘米，将幼苗移栽于穴内，每穴 1 苗。

3. 田间管理

移栽后立即灌溉，保持湿润，覆盖薄膜，薄膜上打一孔，让幼苗露于孔外。经常检查幼苗生长情况，发现缺损立即补苗。也可不经育苗阶段直接将种茎切段每株 1 节，挖穴 7 厘米，平放，芽向上，覆土踩实，株行距 0.5～1 米。生长前期要及时中耕除草、追肥，促进苗壮和多分蘖。株高 100 厘米时可刈取 1 次，以后每隔 25～30 天刈取 1 次。留茬高 8～10 厘米，刈取后及时除草施肥（每 667 平方米追施氮肥 10 千克），促进再生。

4. 病虫防治

栽培前可用呋喃丹 100 克加水 50 千克浇于穴内，防治蝼蛄、金针虫，用 20% 除虫菊酯 6000 倍喷雾防治钻心虫。

5. 开发利用

皇竹草适口性好，广泛用于饲喂畜禽，尤其是饲喂牛、羊、兔、鱼等，还可大量用于生产食用菌、药用菌，制作绿色饮料，造纸和制造新型建筑材料，可利用性广泛。据测试，皇竹草富含多种畜禽必须的营养物质，有 17 种氨基酸，其中含赖氨酸 9.04 毫克/100 升、糖 8.3 克

/毫升、维生素 B_1 0.22 毫克/100 升、维生素 B_2 0.38 毫克/升、维生素 C 134 毫克/升，碘 0.014 毫克/升、锌 0.71 毫克/升、钙 321.7 毫克/升、镁 348 毫克/升、磷 19.2 毫克/升、镉 0.05 毫克/升。鲜草含粗蛋白质和精蛋白分别为4.6% 和 3.0%。干草含粗蛋白质和精蛋白质分别为18.5% 和 16.7%、粗旨肪 1.7%、粗灰分 9.9%、粗纤维17.7%。因此，皇竹草营养十分丰富，是一种极为理想的高蛋白饲料。

皇竹草分蘖能力强，每窝可分蘖 30～50 株，每节当年可繁殖 10～15 株，可切成几百节。光合力、再生力、抗旱力强，宿根性好，可连续宿 6～7 年，利用年限 10 年左右。1 年可收割 6～8 次，每 667 平方米产鲜草可达 20 吨以上。据测算，每 667 平方米皇竹草可分别饲养羊15～20 只、牛 2～3 只、兔 400 只。皇竹草还可加工成草粉，广泛用于生产配合饲料。

皇竹草由于根系发达、须根多、生长速度快、寿命长、产量高、适应性广、抗逆性强、栽培简单、病害少，可在荒山荒坡、滩涂路旁以及房前屋后种植。既可绿化荒山荒滩，保持水土，又可作饲料。

由于该草叶片宽大、叶多茎少，幼嫩时喂猪、鱼，拔节前喂牛、羊，一般多刈取饲喂，也可制成干草或青贮。

（九）岸杂 1 号狗牙根

岸杂 1 号狗牙根又名岸杂 1 号绊根草，是美国农学家用海岸狗牙根和肯尼亚 -58 狗牙根杂交培育而成。我国于

1976年引进，试种生长良好，已在南方各省、自治区推广。

1. 特征特性

岸杂1号狗牙根系禾本科狗牙根属多年生草本植物。根系为须根，细而长，一般长10~15厘米，最长的有30厘米以上。茎圆，光滑，直径0.2~0.4厘米，匍匐生长，每个节由2~3个茎密集缩合而成"缩合节"，故每节可长叶2~3片。叶披针形，长约12~15厘米，宽0.5~0.7厘米，叶面基部疏生茸毛，叶脉平行，叶缘平整，叶鞘包茎，叶背光滑。在长江中下游地区分别在5月和10月2次抽穗开花，穗状花序，呈指状簇，生于茎顶，每一小穗着生1朵小花，花药不开裂，无花粉，有时看上去"结籽"，其实是不孕的。播种后不能萌发，所以主要靠根茎扦插进行无性繁殖。

岸杂1号狗牙根性喜温暖湿润气候，耐热耐旱，能经受40℃高温和干旱。不耐寒冷，当气温下降至3℃~5℃时，生长受到严重抑制，地上部分枯死，但地下宿根仍可存活，至翌年春暖时萌发生长，一般15℃时萌发，20℃~30℃时长势最好，35℃以上长势减弱，但不枯萎。

总的生长趋势是新种植的草苗前期生长较慢，后期生长较快，以春秋季最旺。在长江中下游地区5~6月多雨季节，如肥料充足，生长迅速，草层高度可达60~80厘米，需要及时刈取。需肥量大，尤其对氮肥的反应敏感，追施氮肥可明显增产，并能提高其蛋白质含量。

2. 栽培技术

（1）整地　适应性广，对土壤要求不严格，黏土、砂土都生长良好，在红黄壤等酸性土壤生长也好，田边、溪边、沟边、路旁均可种植。一般应深翻耕 15 ~ 20 厘米，敲细，畦宽 1.5 ~ 2 米，沟宽 30 厘米，以便灌溉和管理。

（2）施足基肥　要施足基肥，每 667 平方米施栏粪等有机肥 1500 ~ 2500 千克、过磷酸钙 15 ~ 20 千克、氯化钾 10 ~ 15 千克，均匀撒开，耕翻入土。

（3）选苗　选用茎秆粗壮、节间较短、生长势旺、无病虫害的种茎。如种茎来源充裕，可不必切短移插，直立茎或匍匐茎均可全株做种；如种茎不足则应切成若干段，每段至少留有 2 个节，最好 3 ~ 4 个节，当天切，当天栽插。

（4）种植　以春季气温 15℃或夏季气温 25℃左右栽插为宜。采用开沟条插的办法，适当密植，行距 35 ~ 40 厘米，最好选择阴雨天栽插，易于成活。种植方法：开沟深 10 厘米，整株种苗平放在沟内，或将切好的种茎斜插沟中，入土 1 ~ 2 个节，露出地面 1 ~ 2 个节，然后覆土 2 ~ 3 厘米。大面积种植时，将种茎均匀撒播于地面，然后用圆盘耙覆土。保持土壤湿润，一般 5 ~ 6 天即可扎根成活。每 667 平方米需种苗 100 ~ 200 千克。

（5）管理　种植后的 20 ~ 30 天内，生长比较缓慢，为防止杂草生长，发生草荒，要及时中耕除草。种苗萌发时，需要补充速效氮肥，每 667 平方米施尿素 5 ~ 7.5 千克，雨天撒施，晴天加水泼浇，当年新种植的草，每次青刈后，立即追施速效氮肥，每 667 平方米用尿素 10 千克左右，这是提高单产的关键。

（6）防治病虫害 岸杂 1 号狗牙根病虫害少，7 ~ 8 月叶上虽有散发性棕褐色病斑，但并不影响生长，待 9 ~ 10 月后气温凉爽后会自然消失。虫害方面，如发现有蝇类幼虫为害，每 667 平方米可用敌百虫和乐果各 50 克，加水 100 千克喷雾，防治效果很好。喷药后 20 天内不宜饲用，以免畜禽中毒。

（7）收刈 自 3 月下旬开始萌发，至 11 月降霜止，长草收获期长达 8 个月。究竟多少天收刈 1 次，视水肥管理和气候条件而定。在水肥充足、气温 25℃ 左右情况下，每隔 20 ~ 30 天可青刈 1 次，收刈时留茬 3 厘米左右，一个生育期内可青刈 8 次左右，每 667 平方米产 8000 ~ 10000 千克，高的可达 12000 千克以上。

（8）越冬 岸杂 1 号狗牙根抗寒力较差，容易冻死，故必须采取安全越冬的保护措施。越冬办法：①盆栽放置于塑料大棚内，定期浇水；②坑埋法。选择高燥、坐北朝南坡地，挖深 0.8 米、长 2 米、宽 1 米（大小视贮草量而定）的土坑，刈下未经霜冻的根茎，将一层根茎，一层湿松土，堆成馒头形，然后用塑料薄膜覆盖，坑四周开好排水沟，于翌年 3 月底 4 月初起苗栽插；③就地覆盖法。岸杂 1 号狗牙根生长地，在霜冻前刈除全部茎叶，然后用栏粪或垃圾均匀撒施遮盖，并撒上一些细泥土，均匀覆盖岸杂 1 号狗牙根的根部，开好明沟，再用地膜覆盖，翌年 3

月中下旬开始萌发抽芽，即可揭开地膜让其生长。采取上述方法，获得大面积岸杂 1 号狗牙根越冬成功。经过多年以提高抗寒力为主的适应性驯化选育，并采取抗寒性栽培法（土壤深耕 10 ~ 15 厘米；每 667 平方米增施有机肥2500 ~ 5000 千克，促使根系向土层深部伸展；9 ~ 10 月间套种黑麦草，严寒季节来临前，黑麦草已覆盖草地；草地免耕，保持根系稳定），目前已取得了岸杂 1 号狗牙根自然越冬的成功。

3. 营养与饲用

岸杂 1 号狗牙根茎叶保持常绿，即使下霜前也是青绿的，含水量适宜，牛、羊、鹅、草鱼均喜食，效果好，特别是含粗蛋白高，可消化率高，居禾本科牧草之首位。

鲜草的营养成分，据华南农科院、广西农学院分析，如表 2 - 2。

表 2 - 2   岸杂 1 号狗牙根鲜草营养成分

项目\样品	水分(%)	粗蛋白质(%)	粗脂肪(%)	粗纤维(%)	无氮浸出物(%)	灰分(%)	分析单位
夏鲜草	77.04	5.51	1.37	7.02	6.68	2.23	华南农科院
冬鲜草	77.20	3.17	1.46	8.60	9.21	2.24	广西农科院

干物质中的营养成分，据对浙江省金华农校牧草研究所种植的岸杂 1 号狗牙根取样进行分析，其结果与美国科研机关公布的数据的对比情况如表 2 - 3。

表2-3 岸杂1号狗牙根干物质营养成分

项目 产地	干物质 （%）	粗蛋白质 （%）	粗脂肪 （%）	粗纤维 （%）	无氮浸出物（%）	粗灰分 （%）	分析单位
美国	100	17.5	4.3	26.2	42.8	9.2	美国
金华	100	19.12	3.35	28.04	40.6	8.89	浙江省农科院

岸杂1号狗牙根利用方法如下：

（1）放牧　岸杂1号狗牙根生命力强，耐践踏，适宜于牛、羊、鹅等畜禽放牧利用。浙江省金华农校牧草研究所曾试放奶牛上草地饲养，结果奶牛体质增强，产奶量提高，不孕现象下降。

（2）青刈　岸杂1号狗牙根生长快，产量高，品质优，最宜青刈饲喂。据美国试验，用岸杂1号狗牙根饲喂肉用小公牛77天，平均每头日增重0.9千克，比饲喂当地狗牙根日增重0.6千克提高了50%，饲喂阉牛也是同样结果，饲喂奶牛则产奶量显著提高。浙江省金华农校牧草研究所、金华市家畜良种推广站、金华种兔场都曾试喂黑白花公母牛、西门塔尔公牛、山羊、长毛兔、肉用兔、皮用兔、鹅和草鱼，均喜食，效果良好。

（3）草粉　在岸杂1号狗牙根生长旺季或秋季，可以收刈晒干草，粉碎成干粉，一般2.5千克鲜草可加工500克干粉，作为植物蛋白质饲料，适当搭配代替多维素，也可在畜禽配合饲料中加入10%～20%。

（十）苇状羊茅

苇状羊茅又名苇状狐茅、高狐茅、高羊茅、高牛尾草，是禾本科羊茅属多年生草本宿根植物。

苇状羊茅原产于欧、亚两洲，主要分布在温带与寒带的欧洲、西伯利亚西部及亚洲北部，现在各大洲都广有栽培。该草比一般禾本科牧草适应性更广泛，具有抗寒耐热、耐旱耐湿、抗病力强等特性。我国近年在陕、甘、晋、豫、鄂、湘、苏、浙、皖、鲁等省种植，表现出良好的适应性和较高的产量。

1. 特征特性

苇状羊茅为多年生牧草，一般可利用 5～7 年。须根粗而稠密，具有地下茎，长 3～5 厘米，茎直立、丛生，草层高 60 厘米左右，植株高 130 厘米左右。分蘖多，叶片又长又大，一般长 40 厘米，宽 1 厘米。叶色深绿，叶脉突出，叶缘粗糙，叶耳短小。圆锥花序，每小穗含 5～7 朵花，外稃、内稃披针形，外稃具短芒，颖果为内外稃贴生，不分离。种子呈倒卵形，黄褐色，千粒重 2.5 克左右。

苇状羊茅适应湿润气候与肥沃疏松的土壤，耐旱、耐热、耐涝，能在亚热带丘陵地带安全越夏，虽有抗寒能力，但不能在内蒙古及东北地区越冬。对土壤要求不严，在水淹地、排水不良的地块均能生长，并能在 pH 值 4.7～9.5 的酸性或盐碱土壤中生长良好，具有一定的耐盐能力。

2. 栽培技术

（1）前期准备　苇状羊茅因苗期生长缓慢，故需要在播种前对地块进行翻耕做畦（如有条件，可在翻耕前施有机肥作基肥），翻耕深度为30~35厘米，细耙1~2次，清除杂草后开沟做畦，畦表应平整无土块，畦宽1~2米，排水沟深30厘米，宽20厘米。

（2）播种　苇状羊茅宜春播，大致在4~5月份，迟播会影响产量。播种量每667平方米1~1.5千克。一般采用条播，行距30厘米（留种地要加大行距），播种深度1~2厘米，播后用细土覆盖。苇状羊茅也适合与白三叶、红三叶、苜蓿等豆科牧草混播，白三叶不宜过多。每667平方米播种量，苇状羊茅0.5千克，白三叶或红三叶0.25千克。

（3）施肥　苇状羊茅对肥料敏感，特别是施足基肥后增产明显。如果土壤肥力较差，每667平方米要施2000千克左右的有机肥，或施氮肥10千克、过磷酸钙20千克作基肥。每次刈取利用后，要追施有效氮肥，每667平方米用尿素5千克或硫酸铵10千克，或用栏肥稀释液浇于根部地表，以促进再生。留种用的，刈取1次后不再追肥。

（4）田间管理　苗期生长慢，在播前耕地与清除苗期杂草很重要，有利于齐苗壮苗。耕地前要彻底除草1次。每次刈取后要进行中耕除草。如遇干旱，要注意灌溉，以利早发增产，防止植株枯萎。

3. 营养与利用

苇状羊茅营养中等，但产草量高，年可刈取 3～4 次，每 667 平方米产鲜草 3000～4000 千克。苇状羊茅可青饲、青贮，也可晒制干草或放牧利用。据抽穗期测定，该草干物质中含粗蛋白质 15.1%、粗脂肪 1.8%、粗纤维 27.1%、无氮浸出物 45.2%、粗灰分 10.8%。

由于苇状羊茅草质粗糙，作青饲最好在分蘖盛期青刈，晒制干草可在抽穗期刈取。刈取后再生草可适度放牧。另外，苇状羊茅含有一种吡咯碱（Perlotine），如果牛仅饲喂苇状羊茅草或长期在该草地上放牧，会造成羊茅中毒，出现四肢僵硬、行动迟缓、拒食、倦怠、呼吸快、体重下降等症状。因此，在饲喂该草时，要注意与其他草搭配利用。

收获种子的地块，在早春可先用于放牧，利用再生草收种子。种子较易脱粒，宜在穗梗大部分发黄时收割，每 667 平方米可收种子 50～75 千克。

（十一）百喜草

百喜草又称巴喜亚雀稗，巴哈雀稗，原产南美洲东部的亚热带地区，1963 年由澳大利亚引入我国台湾省。在广西、广东、海南、福建、湖北、江西、湖南生长较好，有望成为受农民喜欢的栽培牧草。

1. 特征特性

百喜草是雀稗属多年生草本植物，具粗壮、木质、多节的根状茎。秆密丛生，高约 80 厘米。叶鞘基部扩大，

长 10~20 厘米，长于其节间，背部压扁成脊，无毛。穗
轴宽 1~1.8 毫米，微粗糙；小穗柄长约 1 毫米；小穗卵
形，长 3~3.5 毫米，平滑无毛，具光泽；花紫色，柱头
长约 2 毫米，呈褐色。

百喜草喜温暖潮湿的气候，但也耐高温干旱，耐低温
(-13℃)。茎秆直立，叶片较细，边缘有茸毛，依靠短
的、扁平的匍匐茎和根茎来蔓生，根系发达，强劲的须根
长达 1 米以上。分蘖力强，在肥沃土壤上种植产量高，但
也耐瘠薄，易栽培，适应性很广。

2. 栽培技术

(1) 育苗　百喜草可以用匍匐茎分株扦播法进行营
养繁殖，也可以用播种育苗移栽法栽培。若播种育苗，因
为百喜草种子发芽率很低，所以在播种前应先对种子进行
处理，以提高发芽率。种子化学药物催芽法：在 100 千克
水中加入 0.5 千克的氢氧化钠（即烧碱），将百喜草种子
分数批倒入已经配好的溶液中，浸泡 24 小时，浸泡过程
中必须用木棍搅拌，捞出后用清水冲洗干净，然后用清水
浸泡 6~10 小时，捞出略晒干后即可播种。

苗床应选择朝南向阳的肥沃壤土，翻耕后要用人粪尿
打底，由于种子细小，整地宜精细，播种用焦泥灰覆盖。
播种期宜在 4 月中下旬，每 667 平方米播种量 0.5~1.0
千克不等。在 6 月份之前（或 4 叶期）移栽定植。定植密
度为每 667 平方米 10000 株左右。

(2) 田间管理　苗期生长缓慢，故必须抓紧中耕除

草，并早施速效氮肥，每次每 667 平方米施尿素 5～8 千克或稀薄人粪尿 500 千克，以加速匍匐茎蔓延、覆盖，形成坚固稠密的草皮。通常情况下，2～3 个月即能覆盖田面，覆盖后田间管理就简单得多了。但每次收刈后均应立即追施氮肥，以利高产。

3. 收割利用

百喜草系多年生匍匐草本植物，一次种草年年可收割利用，一年可收割多次，一般每 667 平方米产 4000 千克左右。由于草质柔嫩，富有营养，牛、羊、兔、鹅、鱼均喜食。百喜草耐牧性强，适于放牧，只要适时追施氮肥，草地可以经久不衰。若将其栽种在坡地上，既可防止水土流失，又可收刈后饲喂畜禽，达到良好的综合生态效益。

（十二）　无芒雀麦

无芒雀麦又名禾萱草、无芒草。

无芒雀麦原产于欧洲，延及西伯利亚与中国，是温带地区重要的禾本科牧草。我国东北、华北、西北等地均有野生种分布。无芒雀麦适应性广，抗旱、抗寒能力强，营养价值高。目前已在内蒙古、青海、甘肃、陕西、河南、河北和黄淮海地区大面积种植，南方各省也有试种，生长良好，是有发展前途的优良牧草之一。

1. 特征特性

无芒雀麦为禾本科雀麦属多年生草本植物，具有横走根茎，分布于 20 厘米以内的土层中，根茎着生大量的须根，根系发达，须根入土深达 100～200 厘米。茎直立，圆形、丛生，具 4～6 节，株高 100～130 厘米，叶 4～6 片，长而宽，披针形，无叶耳，叶鞘紧密包茎，且常有茸毛，叶舌膜质。圆锥花序，分枝细，每个分枝着生 4～6 个小穗，小穗含小花 4～9 朵，内稃短于外稃，无芒或短芒。种子扁平，千粒重约 4 克。

无芒雀麦喜冷凉湿润气候，在温度、雨量适中地区生长最好。因其根系发达，入土深，能耐长期干旱，在年降水量 400～500 毫米地区生长良好。耐严寒，不喜高温潮湿气候。在青海、内蒙古等地，气温在 -40℃～-30℃时亦能安全越冬。无芒雀麦在排水良好的肥沃壤土和黏土上均生长良好，具有耐湿、耐瘠、耐盐碱的特性。

2. 栽培技术

（1）前期准备　无芒雀麦根系发达，具有地下茎，要求土层深厚、疏松、肥沃。在播种前应深耕细耙，一般春播要在秋季翻耕，结合深耕，施入 3000 千克左右的厩肥和适量的氮肥作基肥。特别是在干旱少雨地区，秋季翻耕，蓄水保墒，清除杂草，是保证全苗壮苗的重要措施。夏播也应于前 1 个月左右翻耕细耙，平整地块，做到土块细碎，必要时还需镇压。土壤干燥的地方，播前宜灌水。

（2）播种　无芒雀麦的播种期视当地气候条件而定，春播、夏播或秋播皆可。南方各地春、秋季都可播种，而以秋播为宜。在东北、内蒙古地区一般采用夏播，华北、黄土高原则宜秋播。播种方式采用条播或撒播均可，一般条播行距 30～40 厘米，种子田行距稍宽，播深 3～4 厘米。单播每667平方米播种量1.5~2千克,种子田可播1千克左右。无芒雀麦常与苜蓿、红豆草、红三叶等豆科牧草混播,豆科牧草可为其提供充足的氮肥,使无芒雀麦生长旺盛。与紫花苜蓿混播时,每667平方米面积播无芒雀麦0.5~1千克、紫花苜蓿0.5~0.75千克。

(3)施肥 无芒雀麦因根系发达,生长时需氮肥较多,除播种前每667平方米施足有机肥作基肥外,以后可于每年冬季和早春再施入有机肥。分蘖期应追施氮肥1次。每次刈取后均应结合灌溉施入速效氮肥,增强再生力。另外,根据土壤的肥力情况,适当施用磷、钾肥,如与豆科牧草混种在酸性土壤上,要施一些石灰。一般施有机肥的地块可提高产草量30%以上。

(4)田间管理 无芒雀麦在幼苗时期生长比较缓慢,应及时中耕除草,松土保墒,以利苗齐苗壮。在有条件的地区,每次刈取以后要注意灌溉,特别在春季多风干燥的高寒地区,进行1次冬灌,有利于春季早返青,提高产草量。无芒雀麦地下根茎发达,生长3~4年后往往会形成厚密的草皮,土壤通透性变差,有机质分解迟缓,对生长不利,会造成产量下降,应在早春用钉齿耙或圆盘耙进行耕耙,切碎草皮,改善土壤通透状况,促进新根茎的发生。

无芒雀麦抗虫害能力较强。常见病害有白粉病、茎锈病、麦角病等,可用石灰硫磺合剂、托布津、敌锈钠等药剂防治。

3．营养与利用

无芒雀麦叶多茎少，营养价值高。据湖南省畜牧研究所测定，其营养生长期干物质中含粗蛋白质 20.4%、粗脂肪 4%、粗纤维 23%、无氮浸出物 42.8%、粗灰分 9.6%。营养生长期至抽穗期的营养价值高，故以早期青刈或放牧利用为佳，一般选择开花前刈取利用较好。此时产草量高，营养积累丰富，适口性好，消化率高，为牛、羊、兔等家畜喜食。一般每年每 667 平方米产鲜草 3000 千克左右。

无芒雀麦除刈取青饲与调制干草外，因其地下茎易形成絮结草皮，耐践踏，再生能力强，故也适宜放牧。一般第二、第三年头茬草用以调制干草，第三年后多用于放牧，放牧时要实行计划轮牧，以防草地早衰。无芒雀麦可与粮食作物轮作，在利用 2～3 年后翻耕，由于它根系茂密，在土壤中遗留大量腐殖质，可改善土壤的团粒结构，提高肥力。无芒雀麦发达的根系能固结土粒，有防止水土流失的作用。

无芒雀麦种子成熟期为返青后 100 天左右，南方在 6～7 月份，当 50%～60% 的小穗呈褐色时，即可收种，迟收则种子易脱落。一般每 667 平方米可收种子 15～45 千克，高者可达 50～60 千克。

（十三）扁穗雀麦

扁穗雀麦原产南美洲的阿根廷。澳大利亚、新西兰已广为种植。我国长江以南各省 1985 年引进，试种于新垦的红黄壤上，生长良好。

1. 特征特性

扁穗雀麦是禾本科雀麦属短期多年生草本植物。须根发达，茎粗扁平，株高80～120厘米，叶长20～30厘米，叶宽不到1厘米，幼嫩时生软毛，成熟时毛小。圆锥花序，长15厘米，分枝，每枝顶端着生2～5个小穗。小穗扁平宽大有6～12个小花，小花彼此紧密重叠，外稃龙骨压扁，顶端有短芒。种子较大，千粒重约10克左右，每千克种子10万粒左右。

适于湿润而冬季温暖的气候，耐寒性较差，耐盐碱能力和耐旱力较强，但不耐积水。对土壤肥力要求较高，喜肥沃的黏质土壤，适宜红黄壤生长。在长江中下游地区10月份播种，翌年5月上旬抽穗，下旬种子成熟。青刈后再生力强。

2. 栽培技术

在长江中下游地区土壤、气候条件下，一般秋冬播利用1年，不能越夏。每667平方米基肥施有机肥1500～2000千克、磷肥10千克、钾肥5千克。前作收获后应翻耕整地后播种，播种量每667平方米2.5～3千克，一般以条播为主，行距15～30厘米，播深3～4厘米。生长期间注意中耕除草1～2次，追肥2～3次，一般每刈1次要追施1次速效氮肥，每次每667平方米施5～10千克。青刈一般可割2～3次，鲜草667平方米产7000千克左右。种子产量较高，一般667平方米产100～150千克。由于容易脱落，要注意及时采收。

3. 营养与饲用

据浙江省金华农校采样分析，扁穗雀麦鲜草营养成分含量如下：水分 70%、粗蛋白质 4.7%、粗脂肪 1.0%、粗纤维 7.3%、无氮浸出物 12.6%、粗灰分 4.4%。青刈鲜草适宜于饲喂牛、羊、兔、鹅和草食性鱼类，适口性好。同时可晒制干草，加工草粉，供畜禽鱼饲用。

（十四）宜安草

宜安草又称毛花雀稗，原产于阿根廷、乌拉圭和巴西南部。我国长江流域及南方各省引进，在红黄壤山地上种植试验，表现耐高温、耐干旱，是夏秋季优质高产牧草。

1. 特征特性

宜安草是禾本科雀稗属多年生草本植物。冬季以宿根越冬，根深而发达。茎秆粗壮，丛生株高 1.5 米左右。叶长 30 厘米，宽 0.5~1.5 厘米，深绿色，叶鞘略有毛，下部叶密，上部叶稀。花序为穗状总状花序，花序分枝 10 个以上，小穗长 3~4 厘米，边缘具丝状长柔毛，排列 2 行，生于花轴之一侧。种子扁卵圆形，千粒重 1.5~2 克。

宜安草喜温暖湿润气候，耐热性强，适应性广。该草对土壤要求不严，耐旱、耐瘠，在湿润肥力好的土壤上生长更好。气温高时，能提高光合作用和分蘖数。耐寒力较弱，怕霜冻，冬季地上部分死亡。但该草是深根性的强劲牧草，根能耐 -10℃ 的低温，即使被牲畜吃光叶子，也能再生，收割后再生性更强。

2. 栽培技术

宜安草一般用种子繁殖，也可采用根茎分株无性繁殖。播种前整地宜细，施足有机基肥。秋播或春播均可，也可早夏播。采用春播的每 667 平方米播种量 1～1.5 千克，条播时行距 30 厘米左右。与豆科牧草混播，每 667 平方米用种量约为 0.5 千克。单播的除用畜栏粪施足基肥外，还必须适施磷、钾肥，每 667 平方米施钙镁磷肥 15 千克、钾肥 10 千克。该草对氮肥反应良好，如每 667 平方米施 15 千克氮肥，可大幅度增加鲜草产量，尤其是每次收刈后都应追施速效氮肥，促使其早再生和提高单位面积产量。冬季根部须培土覆盖，以利安全越冬。宜安草在长江中下游地区每年可收 3～5 次，667 平方米产鲜草 4500 千克。留种地收种后，及时追施速效氮肥，仍可收草 1～2 次。宜安草种子成熟不整齐，又易落粒，一般 667 平方米产种子 20 千克左右。

3. 营养与饲用

经采样分析，鲜草中含干物质 19.1%、粗蛋白质 2.3%、粗脂肪 0.4%、无氮浸出物 8.1%、粗纤维 6.3%、粗灰分 2%。通常收刈鲜草饲喂牛、羊、兔等家畜。也适宜作放牧草场，不但耐践踏，而且耐重牧。也可制成干草饲喂，但干草的消化率偏低。

（十五）宽叶雀稗

宽叶雀稗原产于南美洲的巴西南部、巴拉圭和阿根廷北部，引入澳大利亚后由新南威尔士州牧草作物联络委员会选育而成。1974年，我国广西壮族自治区从澳大利亚引入后，已成为福建、广东和广西以及贵州南部边缘温热湿润地区的当家禾本科草种，与热带豆科牧草一起被广泛用于建植山地人工草场。同时也在云南、湖南、江西、四川的南部温暖湿润地区种植，浙江南部的部分地区引种后，效果良好。

1. 特征特性

宽叶雀稗是禾本科雀稗属丛生型半匍匐多年生草本植物，具有宽大的叶片，分蘖力、再生力强。粗大的根茎由其短的匍匐茎向外扩散，接触地面的茎节易生成不定根，产生新枝，茎秆基部粗壮，节间暗紫色，外被柔毛，叶片宽大平展，质厚，长6～23厘米，宽1.5～2厘米，叶片两面和边缘有细短纤毛，叶鞘长过节间，基部暗褐色。叶舌膜质，有长纤毛。草层一般高60～70厘米，株高70～160厘米，穗状总状花序，长5～7厘米，分枝12～18个。小穗孪生，绿色倒卵形，长3～4毫米。种子细小，颜色较深，外观淡黄色，千粒重1.4～1.5克。

宽叶雀稗是热带牧草，喜温喜湿，但在热带牧草中其抗霜冻能力强，在整个华南地区均能良好地越冬。气温回升到10℃～15℃能迅速返青生长。耐高温干旱，气温40℃左右、降水量900毫米以上能正常生长。能耐瘦瘠的酸性红壤，即使pH值为4.5以下的红壤坡地，只要合理施肥，也能良好生长。刈取再生性强，耐践踏，对麦角病具有一定的免疫性。

2. 栽培技术

（1）前期准备　宽叶雀稗对土地要求不严，一般在坡度不超过 25°、海拔 800 米以下的各类山坡均可种植。由于其种子细小，苗床需要精细处理，地面必须翻耕 15～20 厘米深，表土要敲碎平整，清除杂草，做到外松内实，使地块保持较好的墒情，以利于出苗。

（2）播种　宽叶雀稗适于春播，华南地区以 3～5 月间、平均气温达 15℃ 以上的湿润天气播种最合适。如用种子繁殖，最好选用条播法，撒播也可。在干旱地区要实行宽行条播，行距 40～50 厘米。水分条件好的地区可窄行条播，行距 30 厘米，播深 1～2 厘米，稍加细土覆盖，每 667 平方米播种量 0.75～1 千克。如与豆科牧草混播，则最好采用间条播种，一行宽叶雀稗，一行豆科牧草，有利于生长。也可采用分株带根定植，即无性繁殖，株行距 40～50 厘米，可提早形成草层，抑制杂草生长，适于与白三叶、大翼豆、柱花草等混播。

（3）施肥　宽叶雀稗播前视土壤肥力施基肥，一般每 667 平方米需施 1000 千克栏肥和 15～20 千克磷肥。在每次刈取利用后应适当追施氮肥，至少每年春秋两季各追肥 1 次，每次每 667 平方米施氮肥 15 千克左右，有利其再生，可提高产草量。

（4）田间管理　宽叶雀稗种子细小，幼苗弱，春播后草地易受杂草侵害，一般在苗高 15～20 厘米时应中耕除草 1～2 次，待形成草层后，其竞争力较强时就不怕杂草危害了。宽叶雀稗病虫害较少。

3. 营养与利用

宽叶雀稗叶质柔嫩，适口性好，青草产量高，耐牧性强，是放牧利用的优良草种。据湖南省畜牧研究所在其开花期测定，其干物质中含粗蛋白质 9.95%、粗脂肪 1.65%、粗纤维 30.38%、无氮浸出物 49.95%、粗灰分 8.1%。

宽叶雀稗在南方每年可刈取 3～4 次，每 667 平方米产鲜草 3000～4000 千克，春播在当年 8 月份以后即可进行刈取，割草的草丛高度以 30～40 厘米为宜，一般留茬高度最少应有 5 厘米，放牧时留茬应控制在 10 厘米以上。刈取利用不宜过迟，迟则会造成草质粗硬，导致适口性下降。第二年的产草量提高，一般可达 7000～8000 千克。但由于宽叶雀稗是半匍匐生长的牧草，刈取打草不方便，最适于放牧利用。宽叶雀稗的干草粉是畜禽配合饲料的优良组成部分，但其干草和草粉色泽暗褐，外观较差。

宽叶雀稗花期较一致，结实性良好，种子成熟较集中，因而种子产量较高，一般每 667 平方米可产 45 千克左右。种子成熟后容易脱落，应在种穗 1/2 变黄褐色时即分次采收。

另外，宽叶雀稗单株覆盖面积大，根系发达，对保持水土、增进地力具有重要意义。

（十六）双穗雀稗

双穗雀稗是一种生长在水田、湿沟、塘边、浅水塘等低湿地的野生牧草。

1. 特征特性

双穗雀稗系禾本科雀稗属多年生草本植物,根系发达,主根长达 30 厘米,入土深。有匍匐根茎及纤匍枝。茎直立或斜上生长,每个茎节都能匍地扎根抽芽,节上常有毛。生在塘边、池旁、沟边的植株,其茎能向水面伸长,茎长 30～50 厘米,水足肥沃地可达 60～80 厘米。叶片线形,扁平,长 3～15 厘米,宽 0.2～0.6 厘米;叶鞘边缘有纤毛;总状花序 2 枚,生于秆顶,小穗两行排列,椭圆形,长约 0.3～0.35 厘米,顶端急尖,每穗有种子 80～85 粒,多者 100～110 粒,穗轴宽约 0.2 厘米,第一颖缺或微小,第二颖常被柔毛,与第一外稃等长。

双穗雀稗性喜温热湿润,适宜在夏秋季生长,在长江中下游地区一般在 3 月下旬开始萌芽、出土返青。月均温度在 20℃～30℃,5～9 月生长最旺盛,日长 1～2 厘米,直至 11 月止;6～7 月抽穗开花;耐寒性较差,在 10℃时叶子出现浅红色,生长受阻,轻霜时生长停止,茎叶变成红绿,重霜时即枯萎、干黄,地上部死亡。

双穗雀稗对土壤适应性广,在红黄壤上种植生长良好,它耐湿耐涝,适宜于积水的田块、水边、沟旁、塘边、库边等地生长。

2. 栽培技术

宜选择潮湿、半积水的田块,水边、沟旁等地块,特别是水库、水塘内边,易干易涝和排水渠道旁的积水地块，以及灌溉条件好的水田栽种。播种前 1 个月应翻耕 1 次，除去杂草，每 667 平方米施有机质肥 1500 ~ 2500 千克、过磷酸钙 15 千克、氯化钾 10 千克作为基肥。双穗雀稗主要靠茎根扦插无性繁殖，挑选健康无病的植株，埋入事先开好的浅沟，后加土覆盖，以利于每个茎节扎根抽芽，以条播为宜。播种期以 4 月中下旬为好，播种量每 667 平方米 200 ~ 300 千克。

移植成活后 10 ~ 20 天，要施一次速效性氮肥，每 667 平方米施尿素 7.5 千克，以加速生长。同时应除去杂草。如果土壤干燥，应及时定期灌溉，保持土壤潮湿，但如田块积水，要四周开沟排水，要求潮湿或积浅水为好。注意追肥，每青刈 1 次，施尿素等氮肥 1 次，每 667 平方米施 10 千克左右。如发现缺磷、缺钾，则应补施磷、钾肥。

栽种后约 1 ~ 2 个月、长度 40 厘米左右，即可刈取，当年栽种可刈取 4 ~ 5 次，以后每年可刈 6 ~ 7 次。如植株生长过高，则易倒伏，故应及时收刈，一般年 667 平方米产鲜草 10000 ~ 15000 千克。

3. 营养与饲用

据浙江省金华农校采样分析，双穗雀稗鲜草的营养成分如下：水分 77.5%、粗蛋白质 3.79%、粗脂肪 0.73%、粗纤维 6.23%、无氮浸出物 10.21%、粗灰分 1.54%。其氨基酸含量测定结果为：门冬氨酸 2.67%、苏氨酸 0.54%、丝氨酸 0.63%、谷氨酸 1.36%、甘氨酸 1.17%、丙氨酸 0.67%、缬氨酸 0.71%、蛋氨酸 0.45%、异亮氨酸 0.45%、亮氨酸为 0.72%、酪氨酸 0.42%、苯丙氨酸 0.59%、组氨酸 1.18%、赖氨酸 1.53%、精氨酸 0.64%、氨基酸总量为 13.41%。

鲜草茎叶柔嫩，品质优良，营养价值高，适合于各种畜、禽、鱼食用，对饲养草食性鱼类更为适宜，它适口性好，利用率高。

鲜草除鲜喂外，也可青贮，晒制干草，或加工成草粉。

（十七）大刍草

大刍草又称墨西哥饲用玉米、类玉米，原产墨西哥。首先由华南农业大学从日本引进。饲用实践证明：大刍草不论从高产优质、适口性与适应性、抗逆力等方面来看，表现均甚佳。且适宜于红黄壤上种植，可成为夏秋牲畜青绿饲料的当家品种，值得大力推广。

1. 特征特性

大刍草系禾本科类蜀黍属 1 年生草本植物，植株高 2~3 米，茎秆粗壮，叶片宽大，分蘖力强，一般单株有分蘖 15~20 个，多的可达 30 个以上。大刍草 9 月下旬开始抽穗扬花，其果穗生在叶鞘内，每株有 5~10 个穗，每丛有 40~60 个穗，每穗有种子 3~7 粒。果穗无棒心，种子呈纺锤形、褐色，有微毒而不可食用，千粒重 60~70 克。

大刍草喜温暖湿润气候，耐热，在 20℃~33℃时生长迅速，但耐旱力较差，故种植地宜选择在有灌溉条件的地方，否则遇夏秋干旱会影响其鲜草产量。大刍草苗期

1～1.5个月内，生长较本地玉米缓慢，2个月后才加速生长，在浙江省4月上旬播种，6月上旬可开始青刈，至"霜降"前可青刈5次以上。大刍草对土壤要求不严格，但最适宜在水、肥条件好的土壤上栽培。

2. 栽培技术

（1）育苗　大刍草可以直播，但以育苗移栽为最好。播前种子要翻晒2～4小时，再在25℃～30℃温水中浸种24小时，淋干后拌钙镁磷肥播种。苗床应选择朝南向阳的肥沃壤土，泥土要敲细，做成畦宽1.5米、畦沟0.3厘米的平整而略带弓背的畦面。整地前用人粪尿打底，播后用焦泥灰覆盖，以不见种子为宜。如"春分"前后播种，应该用地膜覆盖，遇天气晴燥要及时喷水，保持畦面土壤湿润，约半个月左右即可出苗，幼苗转青后揭去地膜。当苗高10～15厘米、4～5叶时可以移植。

（2）整地、移栽　种植密度以行株距（0.4～0.5）米×（0.2～0.3）米为宜，每667平方米约5000株以上（留种田行株距可适当放宽）。大田整地要深翻，精耕细作，并做成中间高、两边略低的畦幅阔为3～4米的畦面。大刍草需肥量大，因此要重施基肥，每667平方米用畜栏粪或垃圾3000～5000千克、磷肥15千克、钾肥10千克。若是缺锌的红黄壤田块，则每667平方米加施硫酸锌0.5千克，于翻种时施入土中，以防止生长中后期发生生理性病害，如植株叶片叶缘枯黄现象。

直播于"清明"前后开始进行，每穴下籽5粒左右，播后用焦泥灰盖籽，或浅覆细土，以利出齐苗，出壮苗，保证全苗。待苗高 10～15 厘米时，每穴定苗 1 株，缺株要补苗。

（3）田间管理　大刍草苗期生长较本地玉米缓慢，植株细弱，应注意中耕除草，防止草荒。要早施速效氮肥，每 667 平方米施稀薄人粪尿 500 千克。待开始分蘖、长至 30～50 厘米、分蘖达 3 个以上时则应重施追肥，每 667 平方米施人粪尿 1000～1250 千克，并加施尿素 10 千克左右，以利分蘖，加快生长速度。茎叶长至 1～1.5 米时可以青刈（饲喂兔、鱼的茎叶长至 50～80 厘米时即可开始收刈），留茬 10～15 厘米，以利再生。为了促使再生苗早发快发，收刈前 3～5 天宜先施尿素等速效化肥。计划作青贮料的大刍草，刈取 3～4 次后，约 9 月上旬止不再青刈，待其生长开花时收刈贮茬。夏秋季节遇天晴地旱时应及时灌水，尤其刈后更应注意灌水，保持田块湿润以利再生。留种田发现玉米螟或粘虫、蚱蜢为害，应选用杀虫双或敌敌畏等农药及时喷施防治；发现蚜虫，选用乐果等喷治。种子立冬左右成熟，随熟随收，及时脱落，并晒干扬净，装入麻袋或缸钵内，切忌用塑料袋封装。

（4）采收　青刈一般 6 月上旬开始，以后每经 20～30 天可以刈取 1 次，直至下霜为止，全年可刈 5 次以上。667 平方米产鲜草：10000 千克，高的可达 1.5000 万～20000 万千克。留种田不能青刈，每 667 平方米收种子 50～75 千克。

3. 营养与饲用

据分析，大刍草干草含粗蛋白质 10.43%、粗脂肪 3.31%、粗纤维 26.75%。鲜草叶长茎脆，草质柔软，牛、羊、猪、兔、草食禽、草食鱼都喜食。特别是饲喂奶牛，可增加鲜奶产量。近年来试喂鸵鸟，效果良好，其青喂方法掌握如下：4 月龄以下的幼鸟，青饲料中搭配 50% 的大刍草（另 50% 用其他青饲料，如菜类）；4 月龄以上的中鸟和大鸟可将大刍草作为全部青饲料，每头每日采食量 3~5 千克。因为鸵鸟的头、喙较小，不同于牛、羊等，所以刈取的大刍草必须与鸵鸟大小相协调，饲喂 4 月龄以下幼鸟时，刈取 1 米以下的嫩草，并加以切碎，茎部切成 0.5 厘米以下，中部叶片切成 1 厘米，叶片切成 2 厘米左右；饲喂 4 月龄以上的中鸟或成年鸟，刈取 1.2~1.5 米中草，切碎长度比幼鸟增加一半左右，这样就可使鸵鸟充分采食。

大刍草还可以青贮、晒制干草、加工草粉制取配合饲料，饲喂各种畜、禽、鱼。

（十八）鸭茅草

鸭茅草又名鸡脚草、果园草。

鸭茅草原产欧洲，现除分布于欧洲各国外，亚洲、非洲高原、澳大利亚及美国等温带地区均有广泛栽培。我国新疆、四川、云南等地有野生分布，湖北、湖南、四川、云南、广西、青海等地有较大面积栽培。

1. 特征特性

鸭茅草为禾本科鸭茅属多年生草本植物。根为须根系，茎基部扁平，光滑，疏丛型，高1～1.3米。叶色深绿，幼叶呈折叠状，基生叶繁多，叶片长而软，略显弧形披挂。圆锥花序，长8～15厘米。小穗聚集在分枝的上端，含3～5朵花。外稃顶端有短芒，种子为颖果，黄褐色，长卵形，千粒重1克左右。

鸭茅草喜温暖湿润气候。耐寒性中等，耐热性差，当温度在30℃以上时生长受阻，但其耐热性和耐寒性均强于多年生黑麦草。北方栽培在灌溉好的地区可越冬，夏季能正常生长。耐阴性强，能在疏林地和果园内种植。鸭茅草适宜种在湿润肥沃的黏壤土或沙壤土中，耐酸性尚好，不耐盐碱。

2. 栽培技术

（1）前期准备　鸭茅草种子十分细小，苗期生活力弱，与杂草竞争力差，播种前后必须精细整地，以消灭杂草。

（2）播种　鸭茅草可在秋季或春季播种，秋播不迟于9月中旬，春播在3月下旬，长江流域以南地区以秋播为宜，北方要早秋播，迟则影响产量。播种量每667平方米0.75～1千克。密行条播，行距15～30厘米，播深2～3厘米。亦可撒播或点播。还可与白三叶、红三叶、紫花苜蓿等豆科和多年生黑麦草、苇状羊茅草等禾本科牧草混播。

（3）施肥和田间管理　鸭茅草在贫瘠的土壤上能生

长，但对肥料较为敏感，在生长季节及刈取后追施速效氮肥，可明显提高产草量。如要获得高产，还应施足基肥。在未繁茂成片时要注意中耕除草。

3. 营养与利用

鸭茅草质柔软，营养成分很高，其再生草质量十分好，为畜、禽、草食性鱼类所喜食。据浙江省农科院畜牧研究所分析测定，其干物质中含粗蛋白质 14.92%、粗脂肪 4.99%、粗纤维 29.71%、无氮浸出物 40.60%、粗灰分 9.75%。

鸭茅草为多年生牧草，春播当年产量一般为 2000 千克，翌年在水肥条件好的情况下，产量可达 3000 千克。青刈以孕穗期为宜，此时的产量和质量均佳，延迟刈取会影响青草的质量及下茬的产草量。刈取时留茬 5~6 厘米，以利于再生。鸭茅草适宜青饲、调制干草或青贮，也是一种改良草场作放牧用的优良牧草。

(十九) 狗尾草

狗尾草为野生牧草，我国南北各省均有分布。经驯化，现部分地区已有人工栽培。狗尾草适应性广，易栽培，适口性好。除作鲜草饲喂外，也可晒制干草，且品质优良，是南方各省广为种植的牧草之一。

1. 特征特性

狗尾草是禾本科狗尾草属 1 年生草本植物，须根，茎秆直立或基部弯曲，较坚硬，高达 50~120 厘米，叶片长 10~40 厘米，散生疏毛，叶端渐尖细，边缘粗糙，下部纯圆而包于茎上，叶鞘松弛，无毛，边缘具细纤毛，叶舌膜质，圆锥花序呈圆柱状，缘紫色，长 5~15 厘米，通常稍弯垂，小穗椭圆形，刚毛粗糙，成熟后种子易脱落，谷粒椭圆形与小穗等长。夏秋季为生长最盛期，7~10 月为花果期。

狗尾草喜温暖湿润气候，耐热，耐旱，在20℃~30℃时生长迅速，对各种土壤适应性强。耐酸又耐盐，遍生于荒野、道旁及山坡地。作牧草栽培，适当加以管理，满足其水肥条件，短期内即能生长繁茂，提供优质鲜饲草，或晒制干草，均为牲畜所喜食。

2. 栽培技术

狗尾草种子细小，发芽迟缓，为此，播前整地要精细，畦面要平整疏松，同时每 667 平方米 1000~1500 千克有机肥作基肥。以撒播为主，也可条播，每 667 平方米播种量 1 千克左右，条播行距 20~30 厘米，覆土要浅，一般 1~2 厘米，以不见籽为宜，对水、肥反应敏感，灌水或雨后结合施肥能明显提高产量，一般每 667 平方米追施尿素 10 千克，磷肥和钾肥各 5 千克。

青刈应在抽穗扬花期进行，因此时营养价值最高。留种田应减少播种量，适当稀植，有利于植株粗壮生长，长壮株出大穗。种子收获应掌握以穗呈褐色、上端种子快要脱落时为收获适期。

3. 营养与利用

狗尾草营养较丰富，据在抽穗期分析，含水分

74.35%、粗蛋白质 1.96%、粗脂肪 0.5%、粗纤维
7.79%、无氮浸出物 13.39%、粗灰分 2.02%。

狗尾草幼嫩时可放牧利用。一般在抽穗期青刈饲喂鲜
草，为牲畜所喜食，1 年可刈取 2 次，667 平方米产 4000
千克左右。抽穗后也可刈取晒制干草，品质极好，是解决
冬春季缺草期的优质饲料。

（二十）早熟禾

早熟禾是禾本科早熟禾属植物，有数种，多分布于温
带与寒带地区。我国有 78 个种和 8 个变种，本属多数品
种均为优良牧草，但多为野生品种。栽培较多的为草地早
熟禾、普通早熟禾及扁秆早熟禾 3 种。它们的特点是耐寒
性强，现绿期早，草质细嫩，适口性好，营养价值高，在
低丘和半山区栽培，表现出较强的适应性。近年来，我国
引进了美国与加拿大几个早熟禾品种，如草地早熟禾、普
通早熟禾、扁秆早熟禾，适应性、覆盖度和产草量均比野
生种好。

草地早熟禾又名六月禾，原产北亚、北非及欧洲各
地，我国东北、西北都有野生种。

1. 特征特性

多年生草本植物，具匍匐根茎，根须状，茎疏丛生，
直立，株高 30～50 厘米，叶扁平窄线形，叶舌膜质，长
1～3 毫米，圆锥花序，展开，长 7～15 厘米。小穗卵圆
形，3～6 朵花，种子细小，纺锤形。

草地早熟禾适宜气候温暖、湿润的环境条件生长，抗

寒力强，可安全越冬。但耐旱性与耐热性较差，在炎热的夏季生长停滞，部分植株死亡。根茎繁殖快，分蘖能力很强，一般可分蘖 40～65 个，甚至更多，再生力强，耐刈取，耐践踏，适于放牧利用，略有耐荫性，可作草皮草用于园林绿化。

2. 栽培技术

早熟禾种子细小，第 1 年生长缓慢，生长年限较长，故适于种植在长期性草地。整地要仔细，做到土壤平整细碎，播种期以秋播为好，有利于越冬，条播行距 30 厘米，播深 1～2 厘米，播幅 1～2 厘米，播后镇压，以利全苗。

早熟禾对肥料的反应敏感，施氮、磷、钾肥或全价肥料能显著增产。因此，除播前施足基肥外，生长期间最好追肥 1～2 次，促进生长。干旱时期有条件的要多次灌溉，保持土壤湿润，是提高牧草产量的关键措施之一。

3. 营养与利用

早熟禾营养价值较高，经分析，其干草中水分占7.8%、粗蛋白质 10.8%、粗脂肪 4.3%、无氮浸出物45.6%、粗纤维 25.1%、粗灰分 6.4%。

早熟禾茎叶绿嫩，适口性好，幼嫩而富于营养，为此最宜放牧青饲，也可青刈利用和晒制干草，以备冬春季枯草期饲用。

（二十一）小米草

小米草是 1984 年从国外引进的水陆两栖型牧草。因其籽粒似小米（粟），故称小米草。我国东南及华南各省经引种试验后生长良好，现已较大面积推广种植。

1. 特征特性

小米草系禾本科稗属1年生草本植物。繁殖指数高，出穗时株高1米左右，出穗后株高1.2～1.4米。根深而密集，须根发达，形态与稗草相似。茎秆直立，茎扁圆形，光滑无毛，基部直径0.5～1.2厘米。分蘖力强，每株一般分蘖10个左右，多者20个以上，叶长20～40厘米，宽1～2厘米。花序为圆锥花序，主株先抽穗结籽，分蘖株次之；叶基部也有抽穗结籽，分蘖株次之；叶基部也能抽穗结籽，穗长10～15厘米，分小穗20～25个，长3～5厘米。每小穗结籽粒30～40粒，全穗有籽粒300～500粒，籽粒细小，长2毫米，宽1.5毫米，厚1毫米，千粒重2.8～4克。

小米草喜温暖湿润气候，适应性较强，较耐寒和耐热，日平均温度10℃以上时即可播种。最适宜生长温度20℃～32℃，5～7月气候温暖湿润，生长最快，遇上夏季38℃～40℃高温，生长仍然良好。小米草全生育期为：春播65～80天，夏播50～60天。因此，在长江中下游留种田1年可播2次，青刈的1年可播3～4次。小米草生长迅速，播后30～40天，高达40～70厘米，即可青刈饲用，故被称为"救荒牧草"。据浙江省金华农校试验，小米草4月初播种，5月中旬孕穗，5月下旬抽穗，6月中旬采收。9月份播种的一般只供青刈用，种子不能成熟。小米草对土壤要求不严，但以肥沃土质为好，由于生育期短，一次性施足有机肥作基肥，就可取得较高产量。小米草既能在旱地种植，又适宜于潮湿地生长，如水田、沼泽地、浅池地及鱼塘底，小米草易于红黄壤上种植，生长良好。

2. 栽培技术

（1）整地播种　土壤要深翻15厘米以上，做成1~5米宽的畦，泥土要敲细、平整。为了保证鲜草供应不间断，同一块地可以采取分期分批播种，一般分为三部分，每隔15天播种一个部分，待第一期第一部分小米草收割结束后，即可进行第二期播种，以此类推。第一次播种期以3月底至4月初为宜，如果提前播种需要地膜覆盖。播种方式可采用条播、密点播或撒播。播前种子需先行晒种2~4小时，浸种24小时，然后用钙镁磷肥拌种，播种量每667平方米1.5~2千克。

（2）田间管理和施肥　小米草耐肥，需肥量大。基肥每667平方米畜栏粪2000~2500千克、过磷酸钙15千克。播种时每667平方米施人粪尿1000千克，并用焦泥灰覆盖。幼苗期应中耕除草1~2次，并追肥1~2次，每次每667平方米施人粪尿1000千克、尿素5千克。小米草在土壤湿润的情况下生长迅速，所以在干旱时应适时灌水，特别是收割后施肥结合灌水，能加速再生，提高产量。

（3）防治病虫害　小米草留种地，在孕穗期及抽穗初期，叶片上易发生蚜虫危害，可用500~1000倍乐果乳剂喷治，每 667 平方米用量 100～150 克。在 5 月下旬至 6 月上旬，易发生水稻螟虫为害，蛀成白穗，应喷施 1000 倍敌百虫液驱杀。小米草在抽穗及成熟期时，常有麻雀等危害，受害严重，应驱赶保籽。

（4）收获　青刈的，在一个生育期内可割取 2 次，一般是草高达 40 厘米以上即可割取，留茬 10 厘米左右，667 平方米产鲜草 3000 千克左右。留种的，因为主茎穗和分蘖茎穗成熟不一致且落粒性强，易自然脱落，所以应采取分期剪穗采收，以免减少损失，一般 667 平方米产 57～100 千克。

3. 营养与饲用

小米草营养价值高。据浙江省金华农校采样分析，结果见表 2 - 4。

小米草茎叶柔软多汁，非常适合草食鱼类的饲用，如草鱼、鳊鱼十分喜食，茎梗利用率极高，即使是采种子后的茎叶，草鱼、鳊鱼的吃食利用率也相当高，是当前草食鱼类的最佳牧草之一。小米草饲喂牛、羊、兔、鹅等畜禽，效果也很好，是一种值得提倡和推广的优良青绿饲料。

表 2 - 4　小米草的营养成分

样品	水分（%）	粗蛋白质（%）	粗脂肪（%）	无氮浸出物（%）	粗纤维（%）	灰分（%）
鲜草	88.8	2.97	0.49	3.74	2.56	1.44
收种后茎秆叶	73.9	9.47	2.24	47.39	30.14	10.76

注：收种后茎秆叶为风干物营养成分。

（二十二）珍珠粟

珍珠粟又名非洲粟，原产于非洲热带，目前在亚洲和非洲广为栽培。我国南方各省已广为种植，尤以广东、广西栽培面积较大，近些年发展至我国北方，内蒙古自治区也有栽种。

1. 特征特性

珍珠粟为禾本科狼尾草属 1 年生草本植物，株高 2 米以上，须根，根系发达，茎的基部向下有气根（不定根），茎秆强壮坚实，直径 1 ~ 2 厘米，分蘖能力较强，一般有 15 ~ 20 个，呈丛状。叶片平展，披针形，长 80 厘米左右，宽 2 ~ 3 厘米，边缘粗糙，叶鞘多与节间等长，有的超过节间。花序为密生圆筒形穗状花序，长 20 ~ 40 厘米，直径 2 ~ 2.5 厘米。主轴硬，有密生毛，种子成熟易脱落。

珍珠粟喜温暖湿润气候，对土壤要求不严格，几乎在任何土壤上都可栽种，耐旱，耐瘠，在干旱及贫瘠的土壤上也能生长良好，水肥条件好的地区种植，产量更高。发芽温度一般在 12℃ 开始，20℃ ~ 25℃ 为最适温度，生长最适温度为 25℃ ~ 30℃。分蘖力强，再生力较强，1 年可刈取 4 ~ 5 次。适口性好，牛、羊、兔、鱼均喜食。

2. 栽培技术

（1）整地播种　珍珠粟根系发达，需肥量大，播前应深耕，施足基肥，最好用肥效长的有机肥，每 667 平方米施1500～2500千克。由于种子比较细小，必须精细整地，畦要平整，敲细泥块，采用点播、条播均可。点播行株距为40厘米×40厘米，条播行距为50～60厘米，有条件的地区用焦泥灰盖籽，有利出苗，保证清明前后开始播种，直到6月份，早播比迟播可多刈取1～2次。

（2）田间管理　相对来说苗期生长速度较慢，尤其是春播的，为防杂草繁生应及时中耕除草，以防草荒，收割后应追施速效氮肥1次，并结合中耕除草，遇天旱，要浇水灌溉以利再生，增强耐刈能力。

留种田一般不能刈取，8～10月份种子成熟时容易脱落，应及时分期分批采收，晒干贮藏，因其种子细小，鸟雀很喜食，必须做好防止鸟雀危害工作。

3. 营养与饲用

珍珠粟营养成分较好，适口性良好，牛、羊、兔、鱼均喜食，一般青饲为主，也可晒制干草，是牲畜冬、春季最佳饲料。其营养成分：据分析，干物质中含粗蛋白质13.6%、粗脂肪3%、粗纤维30%、粗灰分10%、无氮浸出物43.4%。

二、豆科牧草

（一）百脉根

百脉根又名牛角草、鸟足豆、五叶草。

百脉根原产于欧、亚两洲的温暖地带，现广泛分布于欧、亚、北美、大洋洲等地，其中以欧洲地中海地区最多。我国华南、华北、西南、西北均有栽培，云南、四川、湖北、贵州、陕西等地有野生百脉根分布，浙江近年来从加拿大引进里奥和迈瑞伯品种，表现出良好的生长性能。

1. 特征特性

百脉根为豆科百脉根属多年生草本植物。一般可生长6～7年。直根系，主根粗壮，入土不深，侧根多而发达，主要分布在30～60厘米土层中。根能生新枝，茎枝丛生，无明显主茎，茎长30～80厘米，纤细柔软，光滑无毛，多呈匍匐状生长，草丛半直立。叶为三出复叶，小叶卵形或倒卵形，着生于叶柄顶端，两片托叶与小叶相似，着生于叶柄基部，故又称五叶草。蝶形花冠，黄色，伞形花序，有小花4～8朵。荚果长圆柱形，似鸟趾，褐色，每荚含种子10～15粒。种子细小，椭圆状肾形，黑褐色，千粒重1～1.2克。

百脉根喜温暖湿润气候，耐寒性较差，不适宜在寒冷、干旱地区种植。耐热能力较紫花苜蓿强。较耐湿润，短期水淹也能较好地生长。适宜在肥沃、排水良好的沙质土上生长。土层较浅，土质瘠薄的微酸、微碱性土壤上也可适应。

2. 栽培技术

（1）前期准备　百脉根种子细小，幼苗生长缓慢，与杂草竞争力弱，易受遮荫和混种牧草的影响，故播前要精细整地，达到上松下实。百脉根种子硬实较多，播前种子要进行理化处理或浸泡，以提高发芽率。

（2）播种　百脉根春、秋播均可，春播在3～5月份，秋播在9～10月份。秋播不宜过迟，否则幼苗难以越冬。一般寒冷地区宜早春播种，温暖地区可夏播或秋播。播种方式以条播为好，播深1～2厘米，行距30～40厘米，每667平方米播种量0.5千克。山区播种宜采取等高线开沟播种。百脉根通常与其他多年生牧草混播作放牧草场利用，混播牧草有鸭茅、多年生黑麦草、白三叶等。百脉根除用种子繁殖外，也可用根、茎进行无性繁殖，把根茎切成段，每段保留3～4个节进行扦插。

（3）施肥与田间管理　百脉根虽耐瘠薄，但对肥料反应敏感，施肥可显著提高产量。播种前施足基肥可保证苗齐苗壮，从而获得高产。在酸性土上种植应施以石灰和磷肥作基肥，或用磷肥拌种，均可提高产量。

播种当年百脉根幼苗与杂草竞争力弱，要注意除草。第二年返青后生长较快，可迅速覆盖地面，草层紧密，一般不再进行中耕除草。每次刈取后及时浇水、松土，以利于再生。百脉根最主要的病害是根茎腐烂病，要及时防治。

3. 营养与利用

百脉根叶量多，草质柔嫩，适口性好，营养价值高，各种家畜均喜食，不会发生胃肠臌胀病，是良好的放牧场牧草。据浙江省农科院畜牧研究所测定，其干物质中含粗蛋白质17.91%、粗脂肪2.41%、粗纤维27.37%、无氮浸出物 44.03%、粗灰分 8.29%。

百脉根一般 1 年可以刈取 2~3 次，第一次宜在初花期，以后刈取可在植株叶层高达 30 厘米左右时进行，留茬不可过低，以 8~10 厘米为宜，以利于腋芽萌发再生。产量高低受土壤肥力和栽培管理的影响较大，一般每 667 平方米产量可达 4000 千克左右。百脉根茎叶细小，很易晒制成质量良好的干草，干草有机质消化率达 68.64%。在作鲜草利用时，要防止因堆积陈腐而产生游离氢氰酸，使牲畜食后发生中毒。

留种用的百脉根，只能刈取 1~2 次，第一次刈取要早，第二次刈取要在收种后进行。百脉根种子成熟不一，易裂荚落粒，故不宜过熟时收种。当荚果大部分呈浅棕色时收种为宜，一般每 667 平方米可产种子 10~15 千克。

（二）白三叶

白三叶也叫白车轴草，荷兰翘摇。原产于欧洲和小亚细亚。欧洲、美国、新西兰种植面积较大，温带及亚热带地区也广泛种植。我国的西南、新疆维吾尔自治区均有野生分布。湖南、江苏、云南、贵州省及东北一些地区有栽培。

1. 特征特性

白三叶为多年生草本植物。寿命长，可达 10 年以上，也有几十年不衰的白三叶草地。主根入土不深，侧根发达，细长，每节根可生出不定根，茎匍匐，茎节能生出不定根，主茎不明显。掌状三出复叶，小叶卵形或倒心脏形，边缘有细齿。中央有灰白色 V 形斑纹，呈头状总状花序，自叶腋处生出，花梗多长于叶柄，小花白色。荚果小而细长，每荚含种子 3~4 粒。种子心脏形或卵形，黄色或棕黄色，种子小，千粒重为 0.5~0.7 克。

白三叶喜温暖湿润气候，适应性较其他三草强，能耐 -15℃~20℃ 的低温，在东北、新疆有雪覆盖时均能安全越冬。耐热性也很强，35℃ 左右的高温不会萎蔫。生长最适温度为 19℃~24℃。喜光，在阳光充足的地方，生长繁茂，竞争力强。白三叶喜湿润，耐短时水淹，不耐干旱，生长地区年降水量不应低于 600~800 毫米。适宜的土壤中性沙壤，最适土壤 pH 值为 6.5~7.0。低至 4.5 也能生长，不耐盐碱。耐践踏，再生力强。

2. 栽培技术

白三叶种子细小，播前需精细整地，翻耕后施入有机肥或磷肥，可春播也可秋播，单播每 667 平方米播 0.25~0.50 千克，做草坪用可适当加大播种量，与禾本科的黑麦草、鸭茅、羊茅等混播时，禾本科与白三叶比例为 2∶1。单播多用条播，也可用撒播，覆土要浅，1 厘米左右即可。在未种过白三叶的土地上首次播种时，需用白三叶根瘤菌拌种。苗期生长慢，要注意防杂草危害。初花期即可利用。白三叶的花期长，种子成熟不一致，利用部分种子自然落地的特性，可自行繁衍，保持草地长年不衰。每年要施磷肥，混播草地增加适量氮肥，保持草地高额产量。

白三叶按叶片的大小可分为三种类型：即大叶型、中叶型和小叶型。

大叶型叶片大，草层高，长势好，但耐牧性差。可做草坪用，美观。美国、加拿大广为栽培，代表品种为拉丁鲁。该品种已被"全国牧草品种审定委员会"审定通过的"川引拉丁鲁"为全国推广的优良引进品种。

中叶型的代表品种为胡衣阿，亦是目前推广较多的品种，我国各地多栽植中叶型品种。

小叶型的代表品种是美国引进的肯特，也可做草地地被植物利用，特别在公路、堤坝作为水土保持植物较好，生长慢，叶小，低矮，易管理。

白三叶花期长，种子成熟不一致，收种时在80%～90%的花序变成棕色时进行，可收种子30～50千克/667平方米。

3. 营养与利用

白三叶营养丰富，饲养价值高，粗纤维含量低，干物质消化率在75%～90%，在干物质中分别为粗蛋白质24.7%、粗脂肪2.7%、粗纤维12.5%、粗灰分13%、无氮浸出物47.1%。草质柔嫩，适口性好，牛、羊喜食，是优质高产肉牛和羊的放牧地。由于草丛低矮，最适宜放牧利用。由于采食过量会发生膨胀病，因此，白三叶最适宜与禾本科的黑麦草、鸭茅、羊茅混播，以利安全利用。刈取白三叶草也可以喂猪、兔、禽、鱼、鹿等。

此外，由于白三叶生长快，具有匍匐茎，能迅速覆盖地面，草丛浓厚，具根瘤，有改土肥田作用。白三叶还是著名的水土保持植物。在坡地、堤坝、公路种植，对防止水土流失，减少尘埃均有良好作用。另外，白三叶植株低矮，抗逆性强，叶色花色美丽，也是近年来广泛应用的绿化美化植物之一。

白三叶还有清热、凉血、宁心的功效。

（三）红三叶

红三叶也叫红车轴草、红荷兰翘摇。原产于小亚细亚及西南欧洲，是欧洲、美国东部、新西兰等海洋性气候地区的最重要的牧草之一。我国的云南、贵州、湖南、湖北、江西、四川、新疆等省、自治区都有栽培，并有野生状态分布。红三叶适宜在我国亚热带高山低温多雨地区种植。水肥条件好的北京、河北、河南省、市也可种植。

1. 特征特性

红三叶为多年生草本植物，生长年限 3～4 年，直根系。多分枝，高 50～140 厘米，三出复叶，卵形，叶表面有白色 "V" 字形斑纹，花序腋生，头状紫红色。荚果小，每荚有 1 粒种子，种子圆形或肾形，棕黄色，千粒重为 1.5 克左右。

红三叶原产于欧洲地中海式气候环境，喜温暖湿润气候，夏天不太热，冬天又不太冷的地区。最适气温在 15℃～25℃，超过 35℃或低于 -15℃都会使红三叶致死。冬季 -8℃左右可以越冬，而超过 35℃则难于越夏。要求降雨量在 1000～2000 毫米。不耐干旱，对土壤要求也较严格，pH 值 6～7 时最适宜生长，低于 6 则应施用石灰以调解土壤的酸度。红三叶不耐涝，要种植在排水良好的地块。

2. 栽培技术

红三叶种子细小，播种前要精细整地。南方多秋播，9 月为宜，北方春播在 4 月。条播行距为 30～40 厘米，播深为 1～2 厘米。用红三叶根瘤菌拌种，可使根部快速形成根瘤，提高固氮能力，尤其在第一次种植红三叶的地区，尤为重要。红三叶出苗快，但苗期生长缓慢，要注意防除杂草。苗高为 40～50 厘米可以放牧利用。若刈取则在开花期进行。

红三叶病虫害不多，常见的有菌核病，易发生在雨多季节，喷施多菌灵可以防除。

红三叶种子成熟不一致，在大部花序变为褐色时，可以收获。种子产量为 20～30 千克/667 平方米。

红三叶生长的第 2～3 年要注意增施磷肥，并清除杂草，保持草地的旺盛长势。一般第五年后要进行更新，或采取放牧利用与刈取相结合的方式，使部分种子自然落粒，形成幼苗，达到自然更新草地的目的。

3. 营养与利用

红三叶营养丰富，蛋白质含量高。据测定，在开花时，干物质中分别含粗蛋白质 17.1%、粗脂肪 3.6%、粗纤维 21.5%、无氮浸出物 47.6%、粗灰分 10.2%。还有丰富的各种氨基酸及多种维生素，草质柔软，适口性好，各种牲畜都喜食。红三叶是牛、羊最好的饲料，马、鹿、鹅、鸭、兔、鱼也喜食。猪也喜食其青草或草粉，在鸡的预混料中加入5%的草粉，可提高产卵率，并减少疾病发生，促进生长。可以放牧，也可以制成干草、青贮利用。

红三叶在放牧反刍动物时，若单一大量饲用时，会发生臌胀病，影响牲畜的增重。但当与黑麦草、鸭茅、牛尾草、羊茅等组成混播草地时，可以避免臌胀病的发生。

红三叶是著名的优质牧草，各国都予以特别重视，特别是欧洲和美国不断推出许多优良品种。大体上可分为两种类型，即早熟型与晚熟型。前者生长发育快，再生性强；后者开花晚，叶片多。另外，丹麦、瑞典等国也培育出多倍体红三叶，生长势强，分枝多，叶片大，草质好，产量高，但种子产量低。目前，红三叶有许多适应不同环境的优良品种，各地可因地制宜选用。我国也有几个地方品种已被"全国牧草品种审定委员会"审定通过，有巴东红三叶、巫溪红三叶均适宜长江流域生长。

红三叶叶型好看、花色美丽、花期长，是城市绿化美化的理想草种。生长快，根系发达，地面覆盖度高，也是良好的水土保持植物。于公路、堤岸种植，有保水、保土、减少尘埃以及美化环境的作用。

（四）紫花苜蓿

紫花苜蓿又名苜蓿、紫苜蓿。长江流域各省自20世纪80年代开始，引进美国、法国、澳大利亚等国外紫花苜蓿及我国吉林公主岭、新疆和田紫花苜蓿等数个品种，在长江流域红黄壤上栽种，均表现出较强适应性，生长良好，产量高，质量好，有"牧草之王"的美称。

1. 特征特性

紫花苜蓿是豆科苜蓿属多年生草本植物，生长寿命可达20~30年，一般第2~4年长势最盛，第五年以后逐渐下降。根系发达，主根粗大入土很深，可达10米，根具根瘤。茎直立光滑，高100~150厘米，分枝着地处向下生根，向上萌生新枝。一般有25~40个分枝，多的可达100个以上。叶为羽状三出复叶，倒卵形，叶缘有锯齿，叶面长白色柔毛，叶柄长，小叶具短柄，托叶大，总状花序，花冠紫色，异花授粉，荚果螺旋形，无刺，不开裂。每荚有种子2~8粒，肾形，黄褐色。千粒重1.5~2.5克。

紫花苜蓿性喜温暖半干旱的气候，生长最适宜温度25℃左右，抗寒力较强，能耐受-6℃~-5℃的寒冷，成长植株能耐-30℃~-20℃的低温。苜蓿是需水较多的植物，每形成1克干物质需水约800克。又因根系发达，而使抗旱能力很强。对土壤要求不严，从粗砂到轻黏土皆能生长，而以排水良好、土层深厚、富有钙质的土壤上生长最好。红壤也能正常生长，若能施用石灰，生长更佳。

2. 栽培技术

（1）整地　要深耕耙，做成2米宽畦，畦面表土要细而平整，畦沟排水良好。土壤贫瘠缺钙的，应先将猪牛栏粪、石灰撒施土表，然后翻耕入土。

（2）播种　选择新鲜、饱满、发芽率高的纯净种子。

播前晒种 1 天，浸种 24 小时，播时用钙镁磷肥拌种，密点播、条播或撒播均可，播种量为 667 平方米 1.5 千克左右。以 9～10 月份播种为宜，播后约 7 天左右即可出苗。

（3）田间管理　紫花苜蓿种子细小，幼苗嫩弱，生长缓慢，故幼苗期应及时中耕除草。秋季萌发、春季返青以及每次收刈后均应追施速效肥。遇天气干旱，要进行灌溉，以促进再生和提高单产。留种地还应注意病虫防治，生长期中遇有蚜虫、潜叶蝇等虫害，可用 40% 乐果或 50% 敌敌畏防治。病害有霜霉病、锈病、菌核病等，可用波尔多液、石灰硫磺合剂防治。

（4）采收　青刈一般 2～3 次。最适青刈期是在第一孕花出现至 1/10 的花开放、根茎上又长出大量新芽阶段，667 平方米产 3000 千克。种子采收以掌握在植株上 75% 荚果成熟时刈取为宜，或者成熟一批采摘一批，可提高种子产量。南方地区种植尚存在结实率低的问题。可采取分株或选择粗壮枝条扦插方式进行扩大种植。667 平方米产种子一般 20～40 千克。

3. 营养与饲用

鲜草产量高，营养价值丰富。据分析，公主岭苜蓿风干物中含粗蛋白 21.83%、粗脂肪 3.66%、纤维 23.94%、无氮浸出物 40.17%、粗灰分 9.25%、钙 1.53%、磷 0.52%，还含有大量维生素。

鲜草可作为草食家畜的主要饲料，幼嫩紫花苜蓿也是猪、禽和幼畜最好的蛋白质、维生素补充饲料。如放牧，牛、羊易发膨胀病。在人工草场中，紫花苜蓿与禾本科黑麦草、鸭茅、无芒雀麦等混播可避免其弊病。另外，还可晒制干草，以备冬春季无青料时喂用。干草也可加工成草粉，搭配20%～30%草粉制成配合饲料。紫花苜蓿干草和草粉是奶牛、肉牛良好的冬春季饲料，也是猪、家禽良好的维生素补充饲料，在国外较为普遍使用。

（五）紫云英

紫云英又名红花草、红花草子、草子。

紫云英原产我国，大体分布于北纬24°～25°之间，南方各地广为种植，栽培历史悠久，为我国南方各地的主要冬季绿肥作物，也作为饲喂猪、牛等牲畜青料和青贮料。

1. 特征特性

紫云英为豆科黄芪属1年生或越年生草本植物，主根肥大，须根发达，根系较集中分布于表土15厘米以内。植株前期直立，中后期半匍匐，茎枝长50～100厘米，分枝多，自茎部叶腋抽出，棱形中空。叶有长叶柄，为奇数羽状复叶，小叶7～13片，倒卵形或椭圆形顶部稍有缺刻，基部楔形。叶片有光泽，疏生短柔毛，浓绿，托叶卵形。花序近伞形，总花梗长10厘米左右，腋生，由7～13朵小花簇生在柄上，苞片三角形，萼钟状，花冠淡红色或紫红色，旗瓣倒心脏形，子房、花柱与柱头均无毛。荚果细长，稍弯，无毛，顶端有喙，横截面为三角形，成熟时黑色，每荚含种子4～10粒不等，种子肾形，种皮有光泽，黄绿色，千粒重约3.5克。

紫云英喜温暖湿润的气候，过冷过热都不适宜，抗寒性较弱，越冬时最低温度不能低于 -15℃，幼苗期在 -7℃~-5℃开始受冻或部分死苗。种子发芽最适温度为 20℃~25℃。生长最适宜温度为 15℃~20℃，气温过高生长不良。耐湿性中等，但自播种至发芽，土壤应保持湿润，发芽后如遇积水，则易烂苗，生长期积水，则叶色转黄，生长不良，冬季则受冻死亡。开花结荚期久雨积水会降低种子产量和品质。耐旱性较差，久旱高温能提前进入生殖阶段，并影响其结籽率。

适宜生长在沙质壤土、黏土上，无石灰性冲积土，土壤 pH 值以 5.5~7.5 为宜。不耐碱，当土壤含盐量超过 0.2% 时易死亡，耐瘠性弱。

紫云英播种后 6 天左右出苗，出苗后 1 个月形成 6~7 片真叶，并开始分枝，开春前以分枝为主，生长缓慢。初花期前后生长最快，终花期停止生长。依生长期长短，分为早、中、晚熟种 3 个类型。早熟种茎短叶小，鲜草产量低而种子产量高。晚熟种则相反。

2. 栽培技术

(1) 栽培方式 "草子要吃四季水"，意思是要达到紫云英高产，必须满足其生长期长的要求，从播种出苗到成熟，要吸收一年四季的雨水，所以苗期多与晚稻共生，秋分前后套种晚稻中共生期 30~45 天，翌年 4 月上中旬作早稻绿肥，部分提供作青饲料。连年稻肥种植，会造成稻田板结，所以应与麦、油菜等轮作，促进土壤微生物活动。对中稻、晚稻收割较早的田块，如寒露前后播种的，采取翻耕作畦播种。近年来，浙江省普遍采用饲肥兼优的栽培法，即紫云英与黑麦草混播，种子比2:1（一般紫云英2.5千克，黑麦草1.25千克）。方法是：晚稻收获前1个月左右，在已播紫云英的稻田里，再间播黑麦草，这样不但可提高鲜草30%左右，而且营养价值更全面，同时也改良了土壤，值得各地推广。

（2）播种　选用良种，紫云英品种很好，品种间产量相差悬殊，一般晚熟种比早熟种鲜草产量高50%左右。为此，以作绿肥和牧草为主要用途的应选用晚熟种，如浙江宁波的大桥种、平湖的大叶种等。

播种期多在9月下旬至10月上旬，晚稻田在晚稻齐穗期播种。播种量约3千克左右，播前需经碾轧等方法进行种子处理，用水浸种24小时后，拌钙镁磷肥，每667平方米20千克左右，以磷增氮效果显著。播种方法多采用撒播，晚稻田套种时，宜留一层浅水，播后2天将田板落干，仅保持沟水。套种前，应每隔4～5米开一畦沟，以利播种，排灌水。

（3）管理　紫云英对磷肥很敏感，磷肥拌种能促进种子发芽、长根，增强抗病能力和抗寒能力，尤其是贫瘠山坑田，还要增施腊肥（如栏粪），并配施磷、钾肥，促使壮苗，提早分枝，增强抗寒能力。

田块积水是栽种紫云英的大忌，对低洼田及排水不良的田，要做到田外有顺沟、田内沟沟相通、雨后田干的要求。

对于留种田，还应加强病虫害防治。虫害主要有蚜虫、潜叶蝇等，病害有白粉病和菌核病。在开春后至残花期，应加强观察检查，针对不同病虫害，及时防治。如发现蚜虫，可用氧化乐果、敌敌畏等防治。

3. 营养与利用

紫云英的营养成分因不同生长收获期而异，大部分在初花期开始利用。据初花期分析，干草中含水分9. 18%、粗蛋白质25. 81%、粗脂肪4. 79%、粗纤维19. 53%、无氮浸出物33. 54%、粗灰分7. 84%。

紫云英多为青饲利用，是猪、牛、羊的好饲料，但不能单喂，应适当搭配秸秆、秕糠饲喂，以防腹泻拉肚。也可制成青贮料，是猪的长贮青料。

（六）沙打旺

沙打旺又名直立黄芪、麻豆秧、紫木黄芪、斜茎黄芪、苦草青扫条等。

沙打旺原产于我国黄河地区，目前在北方地区分布很广，西北、华北、东北都有野生种分布。作为饲草和绿肥，在河北、河南、山东等省进行栽培也有数百年历史。20世纪60年代后，辽宁、吉林、黑龙江、内蒙古、甘肃、宁夏、陕西等地进行大规模引种，用以防治风沙，保持水土，提供饲料、肥料，表现良好，已成为我国最主要的豆科牧草之一。

1. 特征特性

沙打旺是豆科黄芪属多年生草本植物，植株丛生，高约 1~1.5 米。主根粗壮发达，入土 1~2 米，侧根旺盛，主要分布于土层 30 厘米内，根上生有大量根瘤，根幅达 1.5~2 米。茎中空，直立或倾斜向上。主茎不明显，分枝较多，每株约 10~35 个。叶为奇数羽状复叶，小叶 7~27 片，对生，卵状椭圆形或椭圆形，长宽约 1.5 厘米×0.8 厘米，茎叶皆具有"丁"字形白绒毛。总状花序腋生，小花蝶形，17~19 个，蓝色或蓝紫色。荚果矩形、竖立，内含 4~10 粒种子。种子黑褐色，千粒重 1.5~2 克。

沙打旺喜温暖气候，种子在 15℃~20℃时，5~6 天就能发芽出苗，幼苗期生长缓慢，在长出 4 片真叶后，生长速度加快，进入 5~6 月份，生长最快。7 月底或 8 月初现蕾，8 月中旬开花，花期较长，10 月份种子大部分成熟，全生育期约需 180 天。沙打旺虽喜温，但因其根系发达，入土较深，也能抗旱、耐寒，一般连续无雨 100~150 天仍能生长良好；在遭受 -30℃ 低温时，能安全越冬。另外，该草对土壤的适应性强，能抗风蚀与沙埋，适应土壤范围广，耐瘠薄，耐盐碱，但肥力高低对其生长发育和产量影响很大。因此，要获取高产仍要注意施肥。沙打旺怕潮湿与水淹，低洼、潮湿、排水不良和黏性重的土壤生长不好，易发生根部腐烂。

2. 栽培技术

（1）前期准备　选择土层深厚、不易受冲刷、不易积水的地块，进行精细整地。沙打旺种子很小，破土出苗力弱，因此要深翻、耕耙，然后碾压，使地面平整，土块细碎疏松，以利保墒播种。结合耕翻，施适量的有机肥和磷肥，有助于提高产量。为防止杂草影响苗期生长，应注意清除杂草。

（2）播种 沙打旺在生长过程中易受菟丝子的危害，播前需清除菟丝子种子。沙打旺种子硬实较多，约占60%，播前需擦破种皮使其能吸水发芽，一般用浓硫酸处理 20 分钟，清水洗净后播种。

播种时间随当地气候、降水量特点而异，可以春播、夏播、秋播。顶凌播种是北方春天多风干旱地区常用的一种有效播种方法，此时田间刚解冻，土壤墒情好，种子易发芽，且出苗整齐。另外还可采用乘雨抢种，在雨前（后）及时抢种，或者在冬季土壤结冻前寄籽播种，争取第二年发芽出苗。播种方法有条播、撒播和穴播，可根据地形适当选用，平地以条播为好，沙滩地多用撒播，坡地则挖穴踩种。一般条播行距 30～40 厘米，穴播行距和株距为 30～35 厘米。播后覆土 1～2 厘米，浅播浅覆土，及时镇压易出苗。供收籽用的沙打旺，播种行距以 1 米为宜。大面积土地还可利用飞机播种。播种量视其用途而异，供割草用的每 667 平方米播 0.15～0.2 千克，保苗3000～4000 株；供收种子用的每 667 平方米播 0.1 千克，保苗约 2600～3000 株。飞机播种时每 667 平方米约需种子 0.2 千克。

（3）田间管理 沙打旺幼苗生长缓慢，无力与杂草竞争，因此，除播前要清除杂草外，苗期应及时进行中耕除草，第二年春季萌生前，用齿耙除掉残茬，返青前与每次收割后都要除去杂草，以利再生。

沙打旺生长对肥料要求不高，欲求增产，可在早春生长旺盛期、越冬前进行灌溉和追速效肥，每667平方米施尿素或硫酸铵25千克左右。要防止根腐病、白粉病、蚜虫、金龟子等病虫害。

沙打旺在生长过程中易受菟丝子危害，导致产量下降，甚至全部致死，发现菟丝子时要及时用农药喷杀。沙打旺不耐涝，要做好开沟排水工作，避免因水淹造成根部腐烂而使植株枯萎。有条件的地区，早春或收割后进行灌溉，对提高产量有显著作用。

3. 营养与利用

沙打旺营养丰富，粗蛋白质含量高，是一种重要的豆科牧草。据测定，其分枝期干物质中含粗蛋白质18.18%、粗脂肪2.73%、粗纤维24.09%、无氮浸出物44.09%、粗灰分10.91%。

沙打旺在播种当年产量不高，但茎少叶多，叶质柔软。种植后第二、第三年，再生能力强，生长旺盛，产量高，品质好，是饲用最佳阶段；此时每年可收刈2~3次，每667平方米可产鲜草5000万~10000万千克。在刈取利用时，刈取留茬高度以5~10厘米为宜。

沙打旺幼嫩期，牛羊十分喜食，可作青饲，但最好不要单喂，可与其他牧草混喂。在开花前期该草质地松脆，可调制青贮料，气味芳香可口。在生长后期，由于叶片和嫩枝脱落较多，茎秆粗硬有毛，会降低适口性，因此调制干草一般选择在株高 60～80 厘米或花蕾初现时收割。另外，该草也可进行放牧利用，放牧后多饮水，有利于增膘，可节省精饲料。

沙打旺开花晚，花期长，成熟不整齐，成熟后果荚易自裂而造成落粒，因此应分批剪穗采收，以荚果呈棕褐色时采种为宜。一般每 667 平方米产种子 25～50 千克。

（七）大绿豆

大绿豆又名四季绿豆、番绿豆、印尼绿豆。

大绿豆原产于西南亚一带，我国广西、广东 20 世纪 50 年代从印尼引入，近年来我国长江以南地区作为 1 年生短期利用的饲用牧草和绿肥，表现出抗旱、耐瘠、适应性和再生性强的特性，是一种高产、优质、饲肥兼用的优良牧草。

1. 特征特性

大绿豆是豆科菜豆属 1 年生草本植物。茎粗，叶大，分枝多，一般株高 1～1.5 米，主枝直立，侧枝向上倾斜。根系发达，主要分布在耕作层内。叶为三出复叶，复叶较大，呈心形，着生于长 12 厘米左右的叶柄顶端。花为无限花序，腋生，每序着生 5～7 朵黄色蝶形花。荚果细长，圆筒形，长 7～11 厘米，成熟时为黑褐色，内生籽实 8～12 粒，种子圆柱形或短矩形，墨绿色，千粒重 50～55 克。

　　大绿豆喜温暖湿润气候，适宜生长气温为15℃～32℃。不耐寒，遇初霜植株停止生长，开始枯萎。耐高温，30℃～36℃生长旺盛。耐干旱、不耐涝，积水易导致死亡。对土壤适应性广，耐瘠薄，在酸性红壤和黏壤土上都能生长，最适宜在壤土和石灰性冲积土上栽培。

　　2. 栽培技术

　　（1）前期准备　播前每667平方米土地施腐熟有机肥2000千克作基肥，进行深翻，整地做畦，畦宽1.2米左右，畦表土要细。

　　（2）播种　播种期为4月下旬至5月初，可条播或穴播，株行距30厘米×40厘米，播深2～3厘米，播种量每667平方米2～3片真叶时，结合中耕除草进行定苗，每穴保留2～3株。

　　（3）施肥与田间管理　每次刈取后追施尿素15千克。留种用的大绿豆，除施一定的基肥和多施些磷、钾肥外，要适当控制氮肥的施用，以免植株徒长导致收不到种子。大绿豆虫害较轻，苗期有地老虎，现蕾开花期有蚜虫为害，要及时防治。

　　3. 营养与利用

　　大绿豆叶质柔嫩，适口性好，营养成分高，各种家畜均喜食，适合作牛、羊、猪、家禽的青饲料。据浙江省农科院畜牧研究所测定，其茎叶干物质中含粗蛋白质21.7%、粗脂肪2.12%、粗纤维22.72%、无氮浸出物39.29%、粗灰分14.1%。其嫩绿枝叶与空心菜进行喂猪效果对比，试验结果为大绿豆效果优于空心菜。

大绿豆在播种后 60 天左右，植株高达 70~80 厘米时或在现蕾期前即可第一次青刈，留茬 30 厘米，以后约 50 天刈取 1 次。每年可刈取 2~3 次，每 667 平方米产鲜草 4000 千克左右。大绿豆主要用于刈取青饲，也可调制干草粉作猪、禽的配合饲料。另外，它还是一种十分优良的旱地绿肥植物，可改良肥力瘠薄的红黄壤。

大绿豆一般 9 月底 10 月初开花，种子成熟期因开花结荚迟早差异较大，而且收种的时间对种子发芽率影响较大，必须在 11 月上旬以前采集饱满种子。每 667 平方米可产种子约 75 千克。留种用的种子应干燥，贮存期间要防虫蛀和霉烂。

（八）印尼豇豆

印尼豇豆原产西南亚一带，我国于 20 世纪 50 年代从印度尼西亚引入，60 年代初在华南各省开始试种，特别是在长江流域及华东的红黄壤上试种后，表现良好。印尼豇豆具有抗旱、耐瘠、适应性广、再生力强、高产优质等优点，既是饲肥兼优的豆科牧草，成为牛、羊、猪、兔等家畜的优质青绿饲料，又能提高肥力，故可作新开垦红壤先锋草栽种。

1. 特征特性

印尼豇豆系豆科豇豆属 1 年生草本植物。藤蔓匍匐生长，叶大茎粗，分枝多，枝叶繁茂，三出复叶，蝶形花，花期较长。在浙江 4 月中下旬播种，8 月底至 9 月初开花，

9 月底至 10 月初陆续成熟，一直采收到降霜止。豆荚细长扁圆筒形，长 20 厘米左右，每荚有 7 ~ 13 粒种子，种子呈淡黄色，千粒重 60 ~ 80 克。根系发达，具主根、侧根、细根。根系入土深 100 ~ 150 厘米，根部遍布根瘤。

印尼豇豆喜温暖湿润气候。当日平均温度达 15℃以上时，即发芽出苗，20℃ ~25℃时生长快，温度过低则影响出苗及生长；不耐寒，遇初霜后植株呈现枯萎，停止生长。对土壤适应性广，耐干旱，耐瘠薄，耐酸性土壤能力强，对红黄壤适应性能好，具再生能力，利用时间为 6 ~11 月。留种地不宜青刈。

2. 栽培技术

(1) 施足基肥，整地作畦　翻土时每 667 平方米施入猪牛栏粪 1500 ~ 2000 千克，过磷酸钙 7.5 ~ 10 千克后，再行翻耕作畦，一般畦宽 2 米左右。

(2) 适时播种　在长江中下游以 4 月下旬播种为宜。行株距为 50 厘米 ×20 厘米，播种量每 667 平方米 2 千克以上，每穴播 3 ~ 5 粒。播种时要穴施钙镁磷肥，每 667 平方米 5 ~ 10 千克，以磷增氮，效果好。

(3) 中耕除草，适施苗肥　苗期生长较缓慢，出苗后 2 ~ 3 片真叶时，应中耕除草 1 次，避免杂草丛生，保持土壤疏松并结合追施 1 次苗肥，667 平方米施稀人粪尿 500 ~ 7500 千克，促使早长苗、长壮苗。鲜草利用，藤蔓长 80 ~ 100 厘米，畦面覆盖时即可刈取，留茬 20 ~ 30 厘米。刈取后要施稀薄人粪尿，每 50 千克加尿素 0.5 千克，以利再生。

（4）收获、青刈　一年能刈取 2 ~ 3 次，667 平方米产鲜草 5000 千克。留种田不能青刈，若种子成熟不一致，则当豆荚呈黄色时，应及时分批分次采收豆荚，选择无病健荚、籽粒饱满的留作种用。种子应及时晒干，贮存期间防止虫蛀，一般 667 平方米产种子 75 ~ 100 千克。

3. 营养与饲用

印尼豇豆不仅营养价值高，而且适口性也好，为牛、羊、兔所喜食，主要用于刈取鲜喂。据浙江省金华农校牧草研究所采样分析，其营养成分含量如下：水分 11.25%、粗蛋白质 23.14%、粗脂肪 0.86%、粗纤维 4.66%、无氮肥浸出物 57.08%、粗灰分 3.01%。

种子氨基酸含量测定结果为：门冬氨酸 2.78%、苏氨酸 0.92%、丝氨酸 1.24%、谷氨酸 4.25%、甘氨酸 1.02%、缬氨酸 1.08%、蛋氨酸 0.24%、异亮氨酸 0.97%、亮氨酸 1.89%、酪氨酸 0.88%、苯丙氨酸 1.43%、组氨酸 1.41%、赖氨酸 1.81%、精氨酸 1.92%、氨基酸总量为 22.80%。

（九）箭舌豌豆

箭舌豌豆又名春巢菜、野豌豆。原产于欧洲南部和亚洲西部，现全国各地都有种植。该品种适应性广，抗逆力强，生长条件要求不严，平地、山地、丘陵山坡均可栽培，单播或间作套种，既能充当绿肥作物提高土壤肥力，又是牲畜的青饲料。

1. 特征特性

箭舌豌豆为豆科巢菜属 1 年生或越年生草本植物。主根稍肥大，入土不深，但侧根发达。茎长 80～120 厘米，常匍匐地面或呈半攀缘状，表面有稀疏的黄色短柔毛。叶为偶数羽状复叶，小叶 4～10 对，但第二、第三片真叶上只有 1 对小叶，顶端具卷须，小叶倒披针形或倒卵形，顶部下凹并有小尖头，托叶半箭头形，一边全缘，一边有 1～3 个锯齿。花腋生，花梗极短，有花 1～3 朵，一般 2 朵，花瓣淡紫或稍带淡红色，花柱背面顶端有一簇黄色髯毛。荚果狭长，成熟时褐色，每荚含种子 5～12 粒，种子较大，圆形略扁，颜色因品种而异，有粉红、黄白、黑褐、灰色等，千粒重 50～70 克。

箭舌豌豆为春季发育的豆科牧草，喜凉爽气候，但抗寒耐旱，适应性广，对土壤要求不严。在适宜条件下，播种后 1 周左右即可出苗，16～18 天后开始分枝，幼苗期生长缓慢，生长最快时期为开花期。根据其生育期的长短可分为早熟、中熟、晚熟 3 个类型。一般再生性都较好，但再生性好坏受密度、水肥、留茬高度、刈取时期等因素影响很大，一般花开前刈取时，可提供较多的再生草，晚于此时间刈取再生草产量下降。

对水分敏感，喜欢生长在比较潮湿的地区，对温度的要求不高，当温度在 1℃～2℃时开始发芽，最适温度为 15℃～20℃。属长日照植物。对土壤要求不严，一般土壤皆可种植，但以排水良好的沙质土最适宜。

2. 栽培技术

箭舌豌豆是各种各类作物的良好前作，在土壤中可残留大量的根系和氮素。冬性较强，北方宜早春播，南方宜秋播。播前整地应精细并施足基肥，每667平方米施磷肥20千克，有机肥1500千克左右，为其生长创造良好条件。

幼苗出土能力弱，出苗期应防止土壤板结，播种时若用泥灰覆盖，可免板结而有利出苗。苗期生长较缓慢，应及时中耕除草1~2次，防止杂草丛生，产生压苗现象。生长期间如遇干旱应及时灌水，尤以盛花期灌水最为重要。

3. 营养与利用

箭舌豌豆的营养价值较高，适口性好，各类牲畜都喜食。据分析，初花期含水分9.5%、粗蛋白质19.09%、粗脂肪3.94%、粗纤维29.8%、粗灰分6.85%、无氮浸出物30.82%。

通常初花期刈取作青料饲喂。如用来晒制干草，最好在盛花期至初荚期收割。收获籽实时为防爆荚，以70%豆荚成熟变黄时收获最适宜，最好在早晨采收，随收随运。籽实中蛋白质含量丰富，粉碎后可做精料用，但要经过浸泡、蒸煮，除去生物贰，以防牲畜中毒。

（十）大翼豆

大翼豆原产南美。我国从澳大利亚引进，南方各省种植后生长良好，如广西壮族自治区用来作为人工草场的草种之一。

1. 特征特性

大翼豆是豆科多年生或1年生蔓生草本植物。其根系发达，主根入土深，具根茎，以根茎长出匍匐茎，向四周伸展蔓延，长达3~5米，能形成稠密草丛和茂盛茎叶覆盖地面。三出复叶，小叶较宽，两侧小叶有一线裂，叶面绿色，背面有银灰色细茸毛。在浙江金华5月25日播种的，到8月上旬出现初花，花期持续至11月中下旬降霜止，9月初开始陆续结荚成熟，荚果窄长而直，长约7~8厘米，成熟后易爆裂，种子黑色，千粒重约10~12克。

大翼豆喜温暖湿润气候，对土壤要求不严，各种土壤均能生长良好，对水分敏感，在保持土壤湿润条件下，产草量可大大增加。夏秋季生长旺盛，耐干旱，抗逆力强，与杂草竞争力强并具有持久性，形成植被后耐放牧和践踏。

2. 栽培技术

春夏秋三季均可播种。种子较硬实，播前应进行摩擦处理，以提高发芽率。一般采取条播，也可撒播，播种量每667平方米0.75千克左右。

播种地要结合施用基肥进行深翻耕，每667平方米有机肥2000千克以上，翻入土中，有利延长肥效期。每年夏秋季各刈取1次，并追施有机肥或速效氮肥1次，以利再生。遇干旱情况，还应注意灌水。

大翼豆也可与禾本科牧草混播栽种，能提高鲜草产量20%以上。大翼豆种子成熟后要及时采摘。爆落的种子会自行发芽生长，因而能逐年增加草地的覆盖度。

3. 营养与利用

据分析，大翼豆鲜草营养成分为：在风干物质中粗蛋白质 22.18%、粗脂肪 2.24%、粗纤维 25.38%、粗灰分 13.27%、无氮浸出物 7.59%。

大翼豆既可青刈饲喂，也可放牧。秋季更可晒制干草，供冬、春季乏草期饲喂牲畜。

（十一）甘葛藤

甘葛藤又名葛藤，是豆科葛藤属多年生藤本植物，在华南、华东、华中、西南、华北、东北各地广泛分布。

1. 特征特性

甘葛藤具强大的根系，肥大的块根中有着丰富的淀粉。藤茎蔓生，长数米，通常匍匐地面或缠绕于其他树木上。叶互生，三出复叶。花序为总状花序，腋生，蝶形花，花大而密，呈绛红色。荚果紫色，条形扁平，长 7 厘米左右。茎、叶、荚果均密生茸毛。种子肾状，红褐色，有黑色条状斑纹。

甘葛藤为山野藤本植物，性喜温暖而湿润的气候，在较寒冷的地方，冬季地上部枯死，但地下部仍可越冬，来年春季重新生长。较耐旱，适应性强，常生于荒坡山地、林地、山涧溪旁、岩石缝隙之间，除排水不良的黏土外，各种土壤均可生长，耐酸性强，在 pH 值 4.5 左右的土壤上仍能生长良好。

2. 栽培技术

野生时多为分散分布，故采取人工栽培时，栽种土壤应进行翻耕平整。多用无性繁殖方法栽培,一般在雨季插播,选取强壮枝条,长20~30厘米,有3~4个节,在枝条上压土,待生根后,切断移栽,行株距为4米×1米。也有的采用压藤法,在茎叶生长盛期,在枝条上压土,待根长出芽,切断藤茎再行栽种。也可用种子繁殖方式,因为种子苗生长缓慢,所以一般在新开垦土壤上采用种子繁殖方式。因种子较硬实,播前须经摩擦处理,然后用温水浸泡1天,使种子膨胀后播种,有利成苗。种植当年,行株距大,易引起杂草丛生,影响幼苗生长,必须注意中耕除草,适当增施苗肥,助苗生长,加快藤蔓覆盖。

甘葛藤鲜茎叶在栽种当年一般只能收1次,2年生以上可在初夏初秋收2次,收割不可太晚,以免影响块根的生长而不利越冬。

3. 营养与利用

甘葛藤营养成分较高,初夏时比初秋时的营养成分要高。据分析,初秋葛叶营养成分为:水分10.20%、粗蛋白质14.3%、粗脂肪3.38%、粗纤维18.64%、粗灰分8.44%、无氮浸出物45.03%。

葛叶适口性良好,多收割青料饲喂,也可晒制干草,供牲畜冬春饲喂。

(十二) 184柱花草

184柱花草又叫巴西苜蓿,原产于拉丁美洲,澳大利亚栽培较多。我国的广东、广西、海南等省、自治区有栽培。本种是海南热带作物研究院热带牧草研究中心从国际热带农业中心引进，在海南大面积种植，成为我国热带及亚热带地区优良豆科牧草之一。

1. 特性特征

184 柱花草是多年生草本植物。根系发达，主根入土 2 米以上，多分枝，茎高为 1～1.5 米。三出复叶，小叶披针形。复穗状花序生于顶部，花小，黄色或紫色，荚果小，每荚为 1 粒种子，种子呈肾形，黄褐色。

184 柱花草喜高温多雨气候，在年降雨量 1000 毫米以上地区，无霜冻条件下生长，遇 -3℃～-2℃ 即死亡，霜冻时落叶。耐短时水淹。对土壤要求不严，砖红壤、沙性灰化土均可生长，以肥沃的壤质土壤生长良好，不耐盐碱，能抗热带旱季高温和少雨气候。

2. 栽培技术

184 柱花草种子硬实率较高。播种前用热水浸种或擦破种皮，提高发芽率。土地要耕翻，消灭杂草。条播时，行距为 50～60 厘米，覆土为 1～2 厘米，每 667 平方米用种子 0.1～0.2 千克。也可穴播点种。其茎再生力强，也可扩种。184 柱花草也可与大黍、虎尾草、狗尾草混播，用于放牧地利用。

184 柱花草，刈取调制干草时，初花期每年可刈取 3～4 次，留茬 20～30 厘米。667 平方米产鲜草 3000～4000 千克。种子可产 20～50 千克。

3. 经济价值

184 柱花草是近年引进的无炭疽病的柱花草。在热带地区的芒果园、橡胶树下种植,有利果树的生长和水土保持,其草制成干草或草粉,用于牛、羊、鹿、鸡饲用。单种或混播的草地用于放牧牛、羊。据测定,184柱花草含粗蛋白质10%左右、粗脂肪为2%～3%、粗纤维高达40%左右。

184柱花草生长快,覆盖度大,是热带多雨地区优良的水土保持植物。

三、其它科牧草

(一) 串叶松香草

串叶松香草别名松香草,因其茎上对生叶片的基部相连呈杯状,茎从两叶中间贯穿,故名串叶松草。

串叶松香草原产于北美洲中部,1979年从朝鲜引入我国,近年来在我国各省均有种植,特别适宜在华北、华中及长江流域种植。分布比较集中的有广西、江西、陕西、山西、吉林、黑龙江、新疆、甘肃等省(自治区)。经多年种植实践证明,串叶松香草具有产量高、品质好、适应性广、抗逆性强等特点,是一种很有推广价值的优质青绿饲料。

1. 特征特性

串叶松香草为菊科多年生草本植物,株高1.5～2米,甚至更高。根圆形、肥大、粗壮,具水平状多节的根茎和营养根。根系较浅,分布在30厘米的表土层中。叶片大,长椭圆形,叶缘有疏锯齿,叶面有刚毛,基叶有叶柄。茎直立、实心，呈方状四棱茎，叶对生，无柄。茎顶或第六至第九节叶腋间发生花序，头状花由数十朵舌形花组成，花期较长。种子成熟集中于 9～10 月份，种果扁心形、褐色，边缘具薄翅。千粒重 20～30 克。

串叶松香草喜温暖湿润气候，是越年生冬性植物，既耐寒又耐热，夏季温度 40℃ 能正常生长，冬季温度 –29℃ 宿根不受冻害。喜肥沃壤土，耐酸但不耐盐渍土。无论春播或秋播，当年只形成莲座状叶簇，第二年才开始抽茎、开花、结实，该草再生能力强，耐刈取。

2. 栽培技术

（1）前期准备　选择通风向阳的肥沃壤土，播前要清除杂草，每 667 平方米施入有机肥 2500 千克、磷肥 50 千克、氮肥 15 千克作基肥。进行深翻，精细整地，用作苗床的畦宽 1.3 米，沟宽 0.3 米，畦表土要敲细，畦面平整。

（2）播种　串叶松香草可以直接播种，也可育苗移栽，一般以种子繁殖为主。播前种子要日晒 2～3 小时，然后在 25℃～30℃ 温水中浸 12 小时，晾干后，再用潮湿细沙均匀拌和，置于 20℃～25℃ 室内催芽 3～4 天，待种子多数露白后播种。春播在 3～4 月份，秋播在 8～10 月份，早播可提高产草量，而且翌年分株、花、实数量增多。浇透水肥后，按种间距离 5 厘米均匀播种，播种深度 1.5 厘米，盖上一层焦泥灰和细土，然后用稻草覆盖，经常喷水，保持湿润。出苗后揭去覆盖物，并经常浇水肥，保持苗生长粗壮。每 667 平方米播种量 0.25 千克左右。育苗移栽时，种子田一般行距 0.3 米，株距 0.5 米，每 667 平方米定株 600~1000 株。饲料田株距 0.3 米，定株 2000~2500 株，在春芽未萌发前或秋末叶片稍黄、有 5~6 片真叶时移植。定植后要浇水肥，保持湿润。

（3）施肥　串叶松香草耐肥性强，除在播种、移栽前施足基肥外，在每次刈取后，每 667 平方米要追施氮肥 10 千克。1 年后要继续施栏肥、磷肥和氮肥，以不断补充和保持土壤肥力，稳定和提高产草量。

（4）田间管理　育苗阶段，要及时除草，适时施肥。移植后，因初期生长缓慢，要注意中耕除草。种子田的松香草植株较高，容易被风刮倒，故待苗生长旺盛后，应注意培土起垄，垄高一般 10~20 厘米。如在生长期内天晴干旱，要经常灌水保湿。该草喜湿润但不耐淹，雨季低洼地积水时应及时排水。串叶松香草抗病虫害能力强，一般病虫害较少。花蕾期有玉米螟侵害，可用稀释 1000 倍的敌百虫液驱杀。苗期出现白粉病，应及时喷洒 0.5 波美度的石灰硫磺合剂防治。在 7~8 月份高温潮湿时，易发生根腐病，主要防治措施：增施有机肥料，并结合深耕改善土壤通透性，以减轻发病。病原株要及时拔除、烧毁，并在病株处撒上石灰。

3. 营养与利用

串叶松香草鲜草产量高，营养丰富，粗蛋白质含量高。据浙江省农科院畜牧兽医研究所分析测定，其干物质中含粗蛋白质 26.78%、粗脂肪 3.51%、粗纤维 26.27%、粗灰分 12.87%、无氮浸出物 30.57%。栽培当年每 667 平方米可产鲜草 1000~3000 千克,第二年与第三年 6 月上旬可进行第一次刈取,以后 20~30 天刈 1 次,全年可刈取 6~10 次,每 667 平方米产量高者可达 10000~15000 千克。

串叶松香草鲜嫩多汁,适口性好,是牛、羊、兔、家禽的优质青饲料,饲喂后增重效果明显。切细拌精料,发酵 12~24 小时后喂猪,可减轻猪的呕吐、便秘等症状。但由于该草根、茎中的糖苷类物质含量较多,根与花中生物碱含量较多,过量饲喂会引起食物中毒。串叶松香草还可以青贮、晒制干草或加工成草粉进行利用。

串叶松香草种子成熟期不集中,采种要随熟随收,一般每隔 3~5 天采 1 次,采后要及时晒干去杂,包装后贮藏。

(二) 聚合草

聚合草又名肥羊草、紫草、紫草根、友谊草、爱国草。

聚合草原产于高加索及欧洲中部,西伯利亚也有其野生种。18 世纪引入英国及德国。20 世纪初在美国、英国、丹麦、非洲南部广泛种植,后来传入澳大利亚、日本、朝鲜。我国由朝鲜引入,1975 年统一定名为聚合草,在全国各地普遍栽种,经过多点试验证明,该草具有产草量高、营养丰富、适应性广、抗逆性强、利用期长等特点,是一种很有推广价值的高绿饲料。

1. 特征特性

聚合草属紫草科聚合草属多年生草本植物。植株各部密生刚毛，株高1米左右，根系发达，具有粗大的肉质根，幼根白褐色，老根深棕色，根横截面为棉花样白色，圆柱形，根茎粗大，能长出大量的幼芽及丛生叶，形成分枝。主侧根不明显，根系主要分布于35~50厘米的土层中。茎常单生，直立而粗壮，其上部分枝较多，为丛生型草。叶互生，可根生与茎生，根生叶可达60~80片，叶面粗糙，背面有隆凸的网状脉纹，植株下部叶为椭圆形，具狭窄翅柄，上部叶小，披针形，几乎无柄，叶长40~80厘米，宽10~25厘米。聚伞花序，花冠筒状，上部膨大呈钟形，紫色或红色，后变为白边浅紫色。植株结实率低。种子成熟时，干果分成4个黑色半曲光滑的小坚果，易脱落，千粒重为9克左右。

聚合草喜温暖湿润气候，在排灌好、富含有机质的沃土上生长良好。耐寒性好，根在土壤中能忍受-30℃低温，而不被冻死。气温在7℃~8℃时，即可萌发生长。生长期最适温度为20℃~25℃。对水肥条件要求较高，土壤持水量70%~80%时，生长最快。高温干旱时，生长缓慢，叶芽减少甚至凋萎。在施足基肥的基础上，每次刈取后追施速效氮肥，可促进其再生能力，提高青草产量。

2. 栽培技术

（1）前期准备　聚合草根系发达，再生能力强，残留在土壤中的根易给下茬作物造成草荒，一般不宜与大田作物轮作。为达到高产目的，应选择向阳、地势平坦、排水良好、土质疏松、肥沃的地块进行种植，在种植前要注意清除杂草，进行翻耕做畦，结合深翻每 667 平方米施入有机肥 3000 ~ 4000 千克作基肥，平整畦面并用水浇湿，以便种植。

（2）繁殖　聚合草能开花，但不易结实或很少结实，故常采取无性繁殖，即利用营养体进行繁殖。常用的方法有分株、切根、茎秆扦插、育苗移栽等。

①分株繁殖　选择生长健壮的多年母株连根挖起，留茬 5 ~ 6 厘米，割去上部茎叶，再将根颈纵向切开，每块分株上保留 1 ~ 2 个芽，下部有较长的根段。在畦上按行株距 30 厘米 × 30 厘米开穴，每穴 1 株，然后覆土压蔸。该方法简单易行，新株形成快，成活率高，但用种量太大。

②切根繁殖　聚合草再生能力强，能从顶端切断面的形成层中产生新芽，凡直径在 0.3 厘米以上的根，均可将根横切成根段，进行切根繁殖。大面积栽种的根段，长 3 ~ 5 厘米，根粗不小于 0.5 厘米，根粗大于 1 厘米的可进行分块。一般根越粗、根段越长，发芽和生长越快。栽种时，将切好的根段横放土中，覆土 3 ~ 4 厘米，如果墒情好，一般能成活。

③茎秆扦插繁殖　在秋季开花前选取粗壮的茎，去掉花蕾，将茎秆切成 15 ~ 18 厘米长的插条，每段保留 1 个

芽和 1 片叶。将插条插入土中，上部稍露出土面，覆土压紧并及时浇水，保持苗床湿润。一般在扦插后 15 天左右可生根发芽，成活率较高，扦插最好在阴天或雨天进行。

④育苗移栽　在冬春季将切好的根在温床上按 6 ~ 10 厘米行距，开 3 厘米深的沟平放于土中，然后覆土，上盖薄膜，使苗床温度保持在 15℃ ~ 30℃，土壤保持湿润，无杂草。在秧苗出现 5 ~ 6 片叶时，即可移栽。该方法繁殖速度快，成活率高，幼苗粗壮。移栽时，可适当密植，株行距 20 厘米×50 厘米，翌年可间苗 1 株，株行距变为 40 厘米×50 厘米。另外，也可在室内采用沙盘育苗。

（3）施肥　聚合草生长快，叶片多，再生能力强，故对肥料要求较高。除种植前施足基肥外，在栽种成活后，结合第一次中耕除草要施肥 1 次，以促进幼苗生长。每次刈取后，结合灌水追施部分有机肥或少量速效氮肥，并且每年补施一定量的基肥，每 667 平方米施有机肥 3000 ~ 4000 千克，可持续获得高产。

（4）田间管理　为了在幼苗期免除杂草危害，在栽种成活后要中耕除草 1 次，并在每次刈取利用后浅中耕除草 1 次。在高温干旱季节，要及时在早晨或傍晚浇水，但不宜大水漫灌，以沟灌为宜，并停止刈取，以免割后枯死。在多雨季节，注意开沟排水，以防积水引起烂根。临冬前最后一次刈取后要清沟培土，补施基肥，以利于越冬和早发。聚合草虫害在苗期有地老虎、蛴螬为害根部，生长期有金龟子、造桥虫、尖头蚱蜢啃食叶片，一般影响不大，严重时可用敌百虫等农药防治。聚合草主要病害为根腐病、褐斑病、青枯病等，多发生在炎热干旱季节。一旦发现病株，应立即挖除深埋或烧毁，同时用多菌灵或波尔多液等杀菌剂喷洒，抑制病情，以防蔓延。

3. 营养与利用

聚合草营养丰富，含各种维生素，尤其蛋白质含量较高。据浙江省农科院畜牧兽医研究所测定，其在初蕾期干物质中含粗蛋白质 31.05%、粗脂肪 4.88%、粗纤维 12.61%、无氮浸出物 35.76%、粗灰分 15.69%。其干草的蛋白质含量与苜蓿干草相近似，高的可达 30% 左右，而且蛋白质中必需氨基酸数量较多，营养成分比较全面。

聚合草的鲜茎叶柔嫩多汁，适口性好，而且利用期长，消化率高，是牛、猪、兔、鹅等草食畜禽的良好青饲料。鲜喂时可整株饲喂，亦可切碎饲喂，最好是打浆后与其他精、粗饲料合理搭配饲喂。聚合草还是优良的青贮原料，可单贮或混贮，与玉米秆、大麦、燕麦一起混贮，能获得品质优良的青贮饲料。亦可晒制干草或制成草粉。

聚合草在南方 1 年可刈取利用 5～6 次，每 667 平方米总产 5000～10000 千克。东北和西北地区只能刈 2～3 次，每年 4～5 月份株高 50 厘米左右时，进行第一次刈取，一般在初蕾期；此后每隔 35～40 天刈 1 次，刈时留茬 5～6 厘米。

聚合草由于含多种生物碱，能防治或减轻畜禽胃肠道疾病，如鸭排泄绿粪，仔猪白痢等。但作青饲料要现割现喂，防止因堆放发热而产生亚硝酸盐，使畜禽食后中毒。

聚合草有三个品种：一种是朝鲜聚合草，即窄叶聚合草。基叶带状、披针形，质厚，叶端尖，花大、钟状、淡紫色；一种是日本聚合草，即宽叶聚合草。基叶较宽阔，卵形或长卵形，质较薄，叶端圆钝，花较大、钟状、淡紫色；一种是澳大利亚聚合草。叶型介于前两者之间，叶端尖，花小，黄色。

（三）美国籽粒苋

美国籽粒苋主要从美国引进，在浙江省各地试种后生长良好，获得较好的效果。

1. 特征特性

美国籽粒苋系苋科苋属 1 年生草本植物。具直根、须根，根系发达，主要分布在 30 厘米的土层中，吸收能力强，比一般菜类作物抗旱。茎直立，高大粗壮，一般 1.5～2 米，高的达 3 米以上。茎光滑，有沟棱，呈淡绿色、红色或紫红色。叶互生，卵状，全绿，具长叶柄，叶柄与叶片几乎等长。花小，单性，雌雄同株，圆锥花序腋生和顶生，多毛刺，由多数穗状花序组成。种子细小，圆形，呈黄白色、红色或褐黑色，有光泽，千粒重 0.3～0.4 克。

美国籽粒苋是一种喜温暖湿润气候的作物。耐高温，在夏季高温条件下生长很快，春秋季气温较低，生长较慢。因此，在栽培上要充分利用夏季生长快的特点，能在短时间内生产大量青饲料。

其具有抗逆性（旱、瘠、盐、碱）、适应性广等特点。它比较耐旱，水分不足仍能生长，对土壤要求不严格；耐盐碱，滩涂盐碱地也可以种植；也较耐酸性，在红黄壤上栽种很适宜。但对土壤肥力消耗较大，因此要求施用较多的有机肥作基肥，每次收割后要及时补施速效氮肥，每667平方米施尿素10千克。

其再生性较好，现蕾期以前刈取可以从留茬的腋芽长出新枝，在水肥充足的条件下，可以增加刈取次数。

2. 栽培技术

（1）整地、施基肥　　每667平方米用猪牛栏粪2500～5000千克，并用一定量磷、钾肥先施入土中，然后耕翻，耙平做畦。畦宽1.5米，畦面泥要敲细，稍压实。若土壤干旱，整地前应先用水浇灌，以保证种子发芽、出苗所需的水分。

（2）播种　　适宜于春夏秋3季播种，一般于4月上中旬春播，宜掌握气温稳定在10℃以上时进行。美国籽粒苋可分直播和育苗移栽2种：①直播。将种子浸湿拌钙镁磷肥，均匀地播于畦面，覆以细土1厘米为宜；②育苗移栽。主要能克服种子细小、直播困难又不易保苗的缺点，既能省种，又能促进其生长，育苗的播种期需提早10～15天，苗床深40厘米，填肥土20厘米（过筛的腐熟猪牛粪、腐殖泥土和细砂各占1/3）。浇足水，待水渗透后将种子均匀地撒播在床面上，用细土覆盖0.5～1厘米，最后盖上塑料薄膜。播后6～7天苗出齐，适当通风，并经常检查苗床温度，苗床温度不能超过36℃，以避免烧苗，苗高10～15厘米时即可移栽。

（3）密植、定苗　栽植密度应根据栽培用途、土质肥瘦和施肥水平而定，一般应掌握收籽粒的宜稀、青刈饲料的宜密、肥地宜稀、瘦地宜密的原则，灵活运用。应在苗高15～20厘米时，即四叶期时定苗，一般667平方米苗数：收籽粒的8000株左右，行株距50厘米×16厘米；收嫩茎叶的以667平方米栽20000株左右，行株距30～10厘米为宜。

（4）田间管理　籽粒苋具有前期生长缓慢、中后期生长快的特点，必须加强苗期中耕除草松土、间苗补苗、施肥、治虫等工作，促进茎叶或籽粒的高产丰收。追肥：收籽粒的一般要施3次左右，每667平方米施稀人粪尿500～1000千克（每50千克加尿素0.5千克）。刈茎叶的，每刈1次，每667平方米施速效氮肥尿素10千克左右，最好加入稀薄人粪尿中浇施。

（5）采收　①作青饲料。第一次收刈最好在现蕾到开花初期。这时期相当于播后50天左右，株高1米左右。刈时留茬30厘米，此后由叶腋处重新发枝。进入雨季后，气温高，植株迅猛生长。1个月后又可第二次刈取，一般可刈3次以上，667平方米产鲜草5000千克以上；②收籽粒。须注意籽粒成熟不一致的特点，一般在花序中部籽粒80%成熟时即可全部采收，此时茎叶还相当青绿，略发红。如果太晚，种子会大量脱落，造成损失。一般采取割穗的方法收获，有条件的可根据穗成熟情况，成熟一批采收一批，分期收种。因其籽粒小，易混细沙土粒，收割和打晒时应防止泥沙掺入，以保证种子纯净，产量一般为667平方米产150～200千克。收获种子后的茎叶晾干后可粉碎加工成饲料，供饲喂用。

3. 营养与利用

籽粒苋营养价值高，经联合国粮农组织和世界卫生组织推荐，籽粒苋将作为人类最佳营养食品之一，被称为大有前途的营养资源。据浙江省金华农校牧草研究所采样分析，美国籽粒苋的茎叶和种子营养成分如表2-5。

表2-5　美国籽粒苋营养成分（%）

种　类	样　品	水　分（%）	粗蛋白质（%）	粗脂肪（%）	粗纤维（%）	无氮浸出　物	灰　分（%）
茎　叶	风干物		26.52	3.78	8.38	50.84	10.48
种　子	种　子	11	14.82	6.04	3.04	61.48	3.62

籽粒苋种子氨基酸含量测定结果为：门冬氨酸1.2%、苏氨酸0.56%、丝氨酸0.88%、谷氨酸2.60%、甘氨酸1.07%、丙氨酸0.57%、缬氨酸0.59%、蛋氨酸0.21%、异亮氨酸为0.54%、亮氨酸0.88%、酪氨酸0.44%、苯丙氨酸0.64%、组氨酸1.76%、赖氨酸1.05%、精氨酸1.88%、氨基酸总量为14.89%。

籽粒苋是一种新型的粮、饲料、茶兼用作物。饲用籽粒作为精料可以用来饲喂任何畜、禽、鱼。鲜嫩茎叶柔软，适口性好，纤维素含量低，特别适宜喂猪。推广籽粒苋是解决猪饲料困难的好办法之一。

（四）菊　苣

菊苣为菊科菊苣，属多年生草本植物。原产于欧洲，又名咖啡萝卜、咖啡草，国外广泛用作饲料、蔬菜及香料。20世纪80年代引进我国。该品种具有适口性好、营养价值高、供草期长及抗病虫害等高产优质的特点，成为很有发展前途的饲料和经济作物新品种。

1. 特征特性

菊苣从其叶和根的形态分为大叶直立型、小叶卧生型及中间型，作为饲料利用的为大叶直立型品种。

菊苣在营养生长期为莲花状，其叶片肥厚，长椭圆形，边缘有波浪状微缺，叶背有稀疏茸毛，叶片长30～40厘米，宽8～12厘米，叶质脆嫩，折断后有白色乳汁流出，每株叶片40片左右。

菊苣喜温暖湿润气候，全国各地都适合种植，15℃～30℃生长尤其迅速，较耐寒，地下肉质根可耐-20℃～-15℃低温，在-8℃时叶片仍呈深绿色。夏季高温季节，只要水肥充足，仍具有较强的再生能力。菊苣对土壤没有严格要求，以肥沃的沙质土壤种植最好；对水分和肥料要求较高，但忌田间积水；整个生育期无虫害，因叶片中含有咖啡酸等生物碱，害虫不喜食，所以菊苣抗虫害能力强。

2. 栽培技术

（1）整地施肥　菊苣根系发达，必须进行深耕。深耕时每667平方米施腐熟厩肥2500千克作基肥。耕作精细整地，确保畦面平整，同时要挖好排水沟。一般水稻田不宜种植。

（2）精细播种　在长江流域春、夏、秋季（气温在5℃以上）均可播种，其中以秋季（8月中旬至11月上旬）播种最佳。既可大田撒播，也可育苗移栽。大田撒播，每667平方米播种量0.5千克；育苗移栽，每667平方米用种量0.25千克。因菊苣种子细小，在播种前必须以细土拌种。播种深度为1~2厘米。待小苗长到3~4片小叶时进行移栽，行株距为30厘米×10厘米。

（3）田间管理　①浇水施肥。播种后应保持表土湿润，一般4天~5天即可齐苗。齐苗后要及时追施速效氮肥，667平方米施尿素10千克，并浇足水，促进幼苗快速生长，同时要注意田间排涝降渍，田间长期积水会造成烂根死苗；②化学除草。耕地前，可用灭生型除草剂喷洒，1周后再耕地播种，这样可以控制苗期杂草危害。菊苣长高后，杂草竞争力不如菊苣，故无草害之忧；③病虫害防治。在菊苣生长期间，一般不需要防治虫害，但在刈取利用前喷施多菌灵液，能防止土壤中真菌危害刈取伤口。

（4）适时收割　当植株达50厘米高时，即可刈取利用。在长江流域，从每年3月下旬开始至11月下旬，菊苣可以连续刈取利用，每隔30天刈1次，全年可刈6~8次，1年的利用期长达7~8个月，且一次播种可连续利用10年以上，667平方米产鲜草10000万~15000万千克。夏季刈取应在早晚进行，留茬高度为 5~8 厘米，刈后要及时浇水施肥。如需留种，5 月份停止刈取，至 10 月再利用，种子产量每 667 平方米 15~20 千克。

3. 营养与利用

菊苣抽茎前营养价值最高，干物质 15% 左右，干物质中粗蛋白质为 20%~23%、粗纤维为 12.5%、无氮浸出物 35%~42%、粗脂肪为 4.56%、灰分为 12.3%、钙为 1.31%、磷为 0.53%。菊苣粗蛋白质含量年平均达 17% 左右，在莲座叶丛期，有 9 种氨基酸含量高于紫花苜蓿干草粉中氨基酸的含量。

菊苣用途甚广，因适口性极佳，所有家畜家禽及草鱼均喜食，对于拉稀的畜禽有明显止泻功能。抽茎前茎叶最适宜喂猪、鹅、兔，现蕾至开花期是牛、羊、鸵鸟的好饲料。在盛花期后，刈取后晾晒脱水至半干凋萎状态，单独或与其他牧草混合青贮，可作为奶牛冬春饲料；当蔬菜食用，其叶片鲜嫩，可炒可凉拌，是高营养蔬菜；它还是生产食用菌的优质基料；其肉质根可作咖啡代用品，从根茎中能提取丰富的菊糖和香料；菊苣花呈紫蓝色，花期长达 4 个月，又是良好的蜜源和绿化植物。

（五）鲁梅克斯 K-1

鲁梅克斯 K-1 又称高秆菠菜，属于蓼科酸模类草本植物，为拉丁文 "Rumex" 的译音。1997 年经我国牧草审定委员会定名为 "杂交酸模"，是由乌克兰科学家 1990 年培育而成的优良品种。我国 1995 年从国外引进。

1. 特征特性

（1）抗严寒　本品在 -40℃条件下可安全越冬，在我国各地均适合种植。

（2）耐盐碱　多数作物在含盐量超过 0.3% 的土壤中便无法存活，鲁梅克斯 K-1 却可以在含盐量 0.6%、pH 值为 8-10 的土壤中正常发育生长。

（3）耐干旱　根系发达，可深达 2 米。可在年降水 130 毫米的干旱地区生长。

（4）高蛋白　鲜嫩适口，营养丰富，猪、牛、羊、兔与家禽、草鱼都爱吃，特别是干物质中粗蛋白质含量高达 30%~40%，是牧草中的冠军，可与大豆媲美。粗脂肪 3.6%、粗纤维 13%、无氮浸出物 8.3%、粗灰分 18%。

（5）产量高，利用期长　栽培 1 次可利用 25 年，年 667 平方米产鲜草 15 吨以上（干草 1.5 吨）。种 1 亩鲁梅克斯与种 14 亩的玉米或 97 亩的大豆蛋白质总量相等。

鲁梅克斯莲座期平均高 70 厘米，抽茎期高 2~3 米，叶片椭圆形，长 9 厘米，宽 25 厘米，一昼夜可长高 5 厘米，温度在 20℃~28℃时生长最快，低于 5℃停止生长，次年 5 月份开花结籽，从返青到种子成熟 90 天，667 平方米产种子 50~100 千克，种子呈褐色，三棱形，千粒重 2 克。

2. 栽培技术

（1）选地与整地施肥　鲁梅克斯 K-1 产草量高，对水肥要求相应较高，应选土层深厚、有机质含量高、地下水位在2米以下的中性土和杂草较少的地块种植。前作最好是豆科作物。酸性过强、地下水位过高、土壤太瘠薄的地不宜种植。鲁梅克斯K-1扎根深，种子小，苗期生长慢，喜水喜肥，要求精细整地。先施足基肥，中等肥力地块每667平方米施腐熟有机肥3000～4000千克，施4～6千克磷肥和钾肥。施肥后深翻土壤，深耕20厘米以上。整地要求做到土壤疏松、平整、细碎、墒情好。多雨地区提倡垄作。

（2）种植方法

①播种期　春季地温达10℃以上时即可播种。秋播最迟在停止生长前两个半月播种，播种过晚，根内养分贮藏不足，不利于越冬，即使能越冬，第二年产草量和种子产量也较低。

②播种量　条播，每667平方米播种量100～150克，行距60厘米，也可宽窄行种植，大行距60厘米，小行距45厘米，定植株距8～10厘米，每667平方米留苗11000万～13000万株。

③播种深度　播深1.5～2厘米，早春播种略浅，5月份以后播种适当深一些，最深不要超过3厘米，否则难以出苗。播后要适当压土。在干旱地区和盐碱较重地区，最好育苗移栽，既容易保证全苗，又能节省种子。

（3）田间管理

①灌水　早春播后5～6天出苗，9～15天全苗。温度

高墒情好时出苗快，反之出苗慢。播后第一次浇水要浇透。遇旱播后 5 ~ 6 天仍未出苗时，要浇水破除板结，以利出苗。鲁梅克斯 K - 1 苗期地上部分生长较慢，分枝以后地上部分生长速度加快。出苗到分枝期约 2 个月，遇旱须浇水，但只要土壤不特别干，在不影响幼苗生长的情况下，可以适当推迟灌水"蹲苗"，促进扎根。幼苗长到 4 ~ 5 片真叶时灌水 1 次，以后每次收割后灌水 1 ~ 2 次。多雨地区注意排水防渍。

②中耕除草　苗期中耕松土有利于保墒和除草。成株以后每年中耕不得少于 3 次，否则第二年会减产。

③施肥　鲁梅克斯 K - 1 产草量高，生长期必须保证肥料充足供应。主要施氮肥，适当增施磷钾肥。第一次收割后应立即追施肥料。每茬每 667 平方米产鲜草 2500 千克，应追施尿素 30 千克。施磷钾肥可以在春季一次性开沟深施，每 667 平方米施磷矿粉 70 ~ 120 千克，硫酸钾 5 ~ 6 千克。

④病虫防治　鲁梅克斯 K - 1 苗期易受地下害虫和食叶昆虫如跳甲、蟋蟀、地老虎等为害，造成缺苗。病害主要有白粉病、根腐病等。发生白粉病后，可以适期或提前收割利用，或者用粉锈宁喷雾防治，隔 6 ~ 7 天再防治 1 次。防治根腐病应适当结合栽培措施进行，如垄作，适当提高留茬高度（5 ~ 6 厘米），每次收割后待伤口愈合后再灌水，避免田间积水，及时挖除中心病株以防交叉感染。害虫用常规方法防治即可。

3. 收获利用

分枝期后株高达 70～90 厘米时收割第一茬，以后每30～45天割1次。每次收割留茬高5～6厘米，鲜草收割后应及时饲喂畜禽或青贮。

（六）苦麻菜

苦麻菜又名苦荬菜、苦苣菜、山莴苣、苦菜、苦参、鸭子食等。

苦麻菜原为我国野生植物，经过多年驯化选育，现已成为广泛栽培的饲料作物。已在我国南方的广东、广西、云南、江苏、浙江等省（自治区）大面积种植，近年来引种到北方后，生长良好。苦麻菜是一种产草量高、品质佳、适口性好的优质青绿饲料。

1. 特征特性

苦麻菜是菊科莴苣属1年生或越年生草本植物。直根系，株高1.5～2米，茎叶含白色乳汁。主根分权，纺锤形。茎直立，上部多分枝，光滑或稍有毛。基生叶丛生，无柄，茎生叶互生，基部抱茎。叶片披针形或长椭圆条形，全缘齿裂或羽裂，长30～45厘米，宽2～8厘米。头状花序排列成圆锥状，舌状花、淡黄色，尖端具5齿，自上而下开花。瘦果长约6毫米，喙短而明显，成熟时紫黑色。种子千粒重1.2克左右。

苦麻菜喜温暖湿润气候，适应性较强，既耐寒又较抗热。种子发芽起始温度为 2℃ ～6℃，最适温度为25℃～35℃。苦麻菜耐热性很强，夏季高温多雨季节生长良好，40℃高温也能正常生长。耐寒能力较强，轻霜对它危害不大，能耐0℃左右低温。苦麻菜对土壤要求不严，微酸微碱均可种植，但以排水良好的肥沃土壤生长最好。苦麻菜喜水、怕旱、怕涝，由于茎叶繁茂，根部需吸收大量水分维持叶片蒸腾，故遇旱要及时浇灌。但根部淹水易腐烂死亡。

2. 栽培技术

(1) 前期准备　苦麻菜种子小而轻，幼芽顶土能力差。播前要清除杂草，每667平方米施入3000千克左右的有机肥作基肥，翻耕做畦，精细整地，表土整平耙碎，以利于出苗。

(2) 播种　苦麻菜北方一般在4月上旬播种，南方春播、秋播都可以。播种可直播或育苗移栽，一般采用直播。播种方法通常可条播或穴播，有时也可撒播。播种深度为3~4厘米，每667平方米播种量0.5~1千克，行距30厘米左右。育苗移栽时，需提前进行苗床播种，北方在2~3月份，南方在10~11月份，每667平方米播种量0.1~0.2千克，苗床要精细管理，保持湿润无杂草，当幼苗长到4~5片真叶时，即可移栽。一般育苗100平方米苗床可移栽5000平方米大田，移栽行距25~30厘米，株距10~15厘米。

(3) 田间管理　苦麻菜应适当密植，条播时通常不间苗，2~3株一丛，一般生长良好。但过密时需间苗，可按株距4~6厘米一苗。当苗高4~6厘米时，要及时中耕除草，并在每次刈取后都要结合中耕进行追肥、灌水，以利于再生，获取高产。追肥以速效氮肥或人粪尿为主。苦麻菜病虫害较少，有时有蚜虫为害，可用 40% 乐果 1000 倍稀释液喷杀。

3. 营养与利用

苦麻菜不仅产量高，营养也很丰富，是一种优质的青饲。据浙江省农科院畜牧兽医研究所测定，其干物质中含粗蛋白质 20.53%、粗脂肪 7.24%、粗纤维 11.67%、无氮浸出物 50.06%、粗灰分 10.56%。苦麻菜粗纤维含量少，消化率高。新鲜苦麻菜柔嫩多汁，有白浆，微带苦味，适口性较好，主要用于鲜喂（切碎或打浆），为畜禽喜食，对促进畜禽食欲、提高畜禽体重和母猪泌乳力有明显效果。

苦麻菜的利用有剥叶和刈取两种方式。小面积多以剥叶利用为主，剥除外部大叶，留下内部小叶继续生长；大面积则采用刈取方式，当株高达 30～40 厘米时，就可开始刈，过迟刈不利于再生。刈时留茬 5～6 厘米。在水肥充足的条件下，苦麻菜生长很快，6～8 月份生长旺盛，一般间隔 20～25 天即可刈 1 次。南方每年刈 5～8 次，北方可刈 3～4 次。一般每 667 平方米产量为 5000～7000 千克。

苦麻菜可以在田间收种，一般不专门设种子田，大多在收 1～2 茬后停止刈取，或不刈留种。实践证明，刈后留种往往种子产量较低。通常刈取 2～3 茬后留种，每 667

平方米种子产量为 50～60 千克。采种最适期是大部分果实的冠毛露出时。收割后晒干,及时脱粒,防止种子受潮,保存在通风干燥的地方,以免种子发热降低发芽力。隔年的种子发芽率低,不宜做种用。

三、牧草的加工调制技术

　　我国大部分地区为温带，牧草生产季节性很强，冬、春枯草期长，如果草料贮备不足，将严重影响家畜的生长发育，因而引起掉膘、疾病、甚至死亡。有些地区对牧草加工贮藏不科学，有粗喂、整喂的习惯，使牧草的利用率低，浪费严重。例如，北方地区习惯秋季牧草枯黄时打草，使牧草的粗蛋白质由 13% ~15% 降低到 5% ~7%，胡萝卜素损失 90%。田间晒干不能及时运回，牧草叶片脱落，营养成分大大降低。加之，在饲喂过程中的浪费，很多牧草是丰产不丰收，不能达到转化为畜产品的目的。

　　在世界发达国家，非常重视青绿饲料的生产，特别在收获、加工、贮藏方面有许多成功经验。在牧草和青饲料利用方面，采用适期收刈，加速青绿饲料的脱水过程，大搞青贮，积极生产叶蛋白饲料等减少青饲料的营养损失。

　　为了提高秸秆皮壳等饲料的利用价值，采用物理、化学、生物方法进行处理，提高其消化率和饲用价值。如秸秆氨化后，提高了粗蛋白质含量，消化率和利用率也提高20% 左右。饲草加工后，便于运输，适口性提高，增加了畜产品，提高了饲料转化率。因此，畜牧生产的发展，生产水平的不断提高，对饲草加工利用技术的要求愈加迫切。

一、青贮饲料制作技术

（一）青贮饲料的特点

1. 青绿鲜嫩

青贮饲料可以有效地保持青绿植物青绿、鲜嫩状态，可以使畜禽在冬季枯草期也照常能吃到青饲料，被称之为罐头草。

2. 营养价值高

一般的青贮饲料在干贮时营养要损失 50% ~ 90%，而青贮时营养仅损失了 3% ~ 10%，尤其是能有效地保存蛋白质和维生素（胡萝卜素）。在乳酸菌的发酵过程中，青饲料中的秸秆等变软、变熟，能提高消化率，改善适口性，从而刺激牛的食欲，增加牛的采食量。

3. 消化率高

由于青贮饲料多汁，含有丰富的蛋白质、维生素、矿物质，纤维素含量少，具酸香气味，适口性强，易于咀嚼，从而提高总营养品的消化率。

（二）青贮饲料制作原理

青贮饲料是借助自然界中的乳酸菌对青饲料发酵制作而成。青贮饲料的发酵是在厌氧条件下进行的。因此，其制作原则有 4 条。

1. 保证厌氧环境

对青粗原料要切碎、压实、密封，切碎便于压实，压实是为了排尽空气，密封是隔绝空气，不让外界空气再进入青贮料中。

2. 供给乳酸菌发酵活动中足够的能量

乳酸菌生命活动中的主要能量物质是淀粉多糖类物质，依靠糖的分解释放出能量供给乳酸菌生命活动的需要，并把糖分转化为乳酸。一般情况下，青绿饲料的含糖量在1%～2%即可满足乳酸菌的需要。

3. 保持贮料一定的水分

水分的适量对于保证乳酸菌的生长繁殖极为重要。一般贮料含水量在70%～75%为宜。水分含量过低，乳酸菌生长繁殖不好，其他腐败菌乘机生长，使青贮失败；水分过高，酸度提不高，不能杀死其他腐败菌，青贮也失败。含水量的检查方法：抓起贮料试样，用双手扭拧，若有水往下滴，其含水量约为80%以上；若无水滴，松开手后手上水分很明显，约为60%左右；若手上有水分（反光），为50%～55%；感到手上潮湿，则为40%～45%，不潮湿在40%以下。

4. 温度适宜

气温过低，乳酸菌生长繁殖困难，过高会造成乳酸菌死亡。乳酸菌最适宜的温度是20℃～30℃。过高的温度主要是植物细胞的呼吸造成的。植物细胞利用残余空气呼吸，分解蛋白质并产生二氧化碳和热量。据测定，空窖内温度上升到 40℃ ~50℃ 时，饲料中的残留空气要排得越净越好，以使窖内温度控制在 35℃ 以下。

（三）青贮的技术与方法

1. 青贮建筑与要求

一般常用的有青贮壕、青贮窖、直贮塔、塑料青贮袋等。青贮壕、窖的长短大小可根据地形、地下水位高低及土质和牛群数量的多少而定。一般为长条形，宽度以便于压实和减少空间暴露为原则，长度根据青贮量的多少而定，以开窖后 3 ~ 5 个月内能用完为宜，每立方米可贮 500 ~600 千克饲料。

2. 青贮的技术要求

（1）原料的收割和切短　禾本科植物在抽穗期收割，豆科草在开花期收割为宜。在利用农作物秸秆时，收割期限在不影响作物产量的情况下，尽量争取提前收割，如早稻、早玉米的秸秆都是理想的青贮原料。玉米秸秆长度以 3 厘米以下为宜，稻草以 6 厘米为宜。

（2）装窖和压实　在装填前，应检查青贮原料的含湿量是否合适，如太干可稍加些水，过湿可加秕糠或麦麸等干粗料调节。原料装窖前在窖底部铺一层 15 ~ 18 厘米厚切断的秸秆以防底部潮湿，铺上一两层塑料薄膜更好。装料最好在一天内完成。一般采取边装边踩压的程序进行，每装 20 厘米厚时踩压 1 次，直到装满窖后压紧密封。

（3）封埋　当装满窖后，装料必须高出窖口 20 ~ 40 厘米，上面铺上塑料薄膜，再加 10 厘米的干秸秆，最后盖上 40 厘米厚的黏土，3～4 天后窖料下沉，封土裂开，再用黏土把裂口封严。以后加强管理，每天检查 1 次，发现裂口，及时补好，并注意解决漏水漏气等隐患。

　　3. 塑料薄膜青贮法

　　在半地下窖底部用塑料薄膜环绕四周铺好，延至地上部分要留长些，以便覆盖窖顶。然后将切碎的青玉米秸填满踩实，高出窖面 70 厘米左右，再用塑料薄膜把顶部包封严实，上面覆土 30 厘米左右。青贮 5000 千克青玉米秸用 3 千克塑料。

　　4. 塑料袋青贮新技术

　　用宽 100 厘米的塑料薄膜 2 幅，制成长 160～170 厘米的不漏气的塑料袋，然后将青饲料切碎、装袋、压实、密封进行青贮，整个过程中千万不要损坏袋子，否则青贮会失败。

　　5. 机器袋式灌装及裹包青贮技术

　　机器袋式灌装及裹包青贮技术，以下简称袋贮和包贮技术，袋贮技术通过灌装机将收获的青饲料高密度压入拉伸塑袋内，形成较理想的"缺氧条件"。由于专用拉伸膜袋或裹膜具有良好的阻气遮光功能，使青贮袋内物料在整个发酵过程中，处于良好的密封条件下，相比窖式青贮等技术有了以下几个方面的提升：一是可单独青贮禾谷类秸秆、禾本科或豆科牧草。尽管豆科作物含糖量低，厌氧发酵菌的繁殖也能顺利进行，因而也能青贮成功。二是青贮质量高。青贮禾谷类秸秆，因机械化作业质量的一致性、客观性，使其很容易达到优等青贮质量，单独青贮豆科牧草，经短期晒制（半天至 1 天），也能达到较高的成功率。三是青贮损失少。袋贮、包贮技术在提高物料密实度时，作业方式与窖贮不同（水平灌装，逐层卷实），完全避免了窖贮方式的"渗液损失"。在保证质量的同时，可将青贮损失减少到 1% 以下。四是袋贮技术可进行社会化、商品化服务作业，包贮技术可提供青贮饲料进行商品流通。最重要的一点是：综合效益好。袋贮技术和包贮技术虽然增加了拉伸膜成本，但可省去建窖费用及贮存损失。在制作成本上袋贮技术低于窖贮，大型圆捆包贮与窖贮接近，但青贮损失小，青贮质量高。袋贮青贮料用于养殖可比窖贮青贮料增加畜产品产量 10% ~ 15% 以上。

为了使青贮机械化新技术尽快在我国推广应用，目前，北京市农机鉴定推广站正与国外有关公司洽谈灌装机在我国合作生产的事宜，也正在开发相关国产配套作业机械；而拉伸膜、青贮袋的国内专门生产厂已经在我国兴建，一旦上述设备和包装材料实现国产化，该项技术的应用门槛会大大降低。另外，北京市农机鉴定推广站正通过试验示范，总结并形成草料青贮新技术在我国应用的工艺规范、设备配套方案及操作规程等应用技术，并拟通过扩大示范，让农民认识并接受该项新技术。

6. 青贮料质量评定

青贮料质量评定的方法是一看、二嗅、三手摸

一看：青贮料越接近原色质量越好。

二嗅：好的青贮料气味为酸香味，以带酒香气并略有弱酸味为佳。

三摸：好的青贮料拿到手里很松软而湿润；若手感发黏则为质地不良的青贮料。

（四）青贮饲料的饲用与管理

青贮饲料的开封与使用。一般情况下，青贮 30～45 天即可完成发酵全过程，可以开封使用。若原料坚硬需 45～50 天，豆科牧草发酵时间更长，需 3 个月左右。取料方法：由上往下逐层取，若是长方形的壕、窖，则从一端开始取料，一节一节取，每次取出量应以当天能喂完为宜。每次取完料后，用塑料薄膜将口封严，防止空气进入，避免剩料变质。

青贮饲料具有甜酸味，初饲喂时，有的畜、禽不适应，不喜采食，可先空腹饲喂，后加其他草料，或食用量逐渐增加，或与其他草料混合拌在一起喂，适应几日后，即可习惯，并非常喜食青贮饲料。

由于青贮原料的不同，其营养价值也不一样，应按青贮饲料含有的能量与其他精料、维生素饲料配合饲用，绝不能单一利用青贮料，否则将影响畜、禽的生长发育。

现将不同畜、禽饲用青贮饲料方法简介如下：

牛：不足 6 月龄的犊牛饲用幼嫩富含蛋白质、维生素的青贮或加玉米青贮，或豆科与禾本科牧草青贮等。6 月龄以上的牛、都饲用成年家畜所饲喂的青贮饲料。

犊牛用量为 100～200 克/（天·头）；5～6 月龄为

8~15千克/（天·头），每头犊牛冬季要备600~700千克专用青贮饲料。

奶牛为15~20千克/（天·头）；妊娠母牛为10~12千克/（天·头），临产前10~12天停喂青贮，产后15天加入青贮。奶牛在挤奶后喂青贮，防止奶中带有青贮气味。役牛和育肥牛为10~12千克/（天·头）。

马、羊、鹿：马只能饲喂含水量少的青贮，役马每天为10~15千克/头，妊娠母马不喂青贮料，以免引起流产。羊喜食青贮饲料，每天为4~5千克，头/鹿喜食水分较少的树叶类青贮，每天为6~8千克/头。

猪：以玉米果穗和马铃薯、甘薯为主的青贮，叶菜类、胡萝卜、白萝卜多汁青贮，喂前打浆最好，母猪为1~2千克/天，育肥猪为1~1.5千克/天。

家禽：禽类喜食用高蛋白质、低纤维素、富含维生素类的青贮饲料，如豆科牧草中的苜蓿、三叶草及燕麦、大麦、黑麦等，饲喂时要切碎，保持新鲜。

成年鸡为20~25克/（天·只），鸭为80~100克/（天·只），鹅为150~200克/（天·只）。

鸵鸟为每只250~300克/天。

二、青干草调制技术

青干草是将牧草及禾谷类作物在质量和产量最好的时期收刈，经自然或人工干燥调制成能长期保存的饲草。

青干草为常年供家畜饲用。优质的干草，保持青绿，有芳香味，质地柔松，叶片不脱落，保持了绝大部分的蛋白质和脂肪，矿物质、维生素也被保存下来，是家畜冬季和早春不可少的饲草。

调制青干草方法简便，成本低，便于长期大量贮藏，在牲畜饲养上有重要作用。北方牧区主要饲草储备都用青干草的方法。随着农业现代化的发展，牧草的收割、搂草、打捆机械化，青干草的质量也在不断提高。

（一）青干草的种类

1. 豆科青干草

如苜蓿、沙打旺、大绿豆、大翼豆、三叶草等。豆科干草富含粗蛋白质、脂肪、胡萝卜素，牲畜食用豆科青干草，可以替代精料中的蛋白质不足，以青贮为主的奶牛、育肥牛和猪加入豆科青干草或草粉，可减少或全部不用精料。

2. 禾本科青干草

如"健宝"草、狗尾草、象草、无芒雀麦、黑麦草、苏丹草等。禾本科青干草来源广，数量大，适口性好，易干燥，不落叶。但禾本科青干草粗纤维多，粗蛋白质比豆科青干草低，维生素含量也少，在饲用时，最好与豆科青干草搭配饲喂，或适当增加精料。

3. 谷类青干草

用于收籽实为主的大麦、燕麦、黑麦、稗子、荞麦等。如果在抽穗期收刈，调制成非常好的青干草，在收籽实后，则粗纤维增加，营养成分下降。但这一类干草是农区大牲畜主要的干草。在饲喂时，要加入适量的精料，以保证家畜对营养的需要。

（二）青干草的营养价值

青干草的营养价值因牧草种类、收刈时期、干燥方法、收割方法、晾晒方式的不同而差异很大。一般豆科牧草的青干草粗蛋白质为 12% ～ 18%，禾本科牧草为 8% ~12%，比作物秸秆高 1 ~2 倍。豆科青干草含有丰富的钙、磷、胡萝卜素、维生素 K、维生素 E、维生素 B 等多种维生素。在青干草中，维生素 D 是家畜所必需的一种维生素，这是青干草在晒制时产生的。同时，青干草中还有动物所必需的各种氨基酸、矿物质和微量元素。青干草气味芳香，适口性好，各种家畜都喜食。青干草是草食家畜所必备的饲草，是秸秆等不可替代的家畜食品，只有优质的青干草，才能保证家畜的正常生长发育，才能获得优质高产的草产品。

（三）青干草的收刈时期

调制干草，除便于贮藏外，更重要的是尽量保持牧草原有的营养成分，尽量减少粗蛋白质和维生素的损失。影响干草营养成分的因素很多，但最重要的是牧草收割期对青干草品质影响最大。

1. 适期收刈

牧草在生长过程中，各个时期营养物质含量是不同的。牧草的幼嫩时期，生长旺盛，体内水分含量较多，而粗蛋白质和粗脂肪、维生素的含量都相对高，但其干物质少，即相对总产量低，不是收获最佳适期，选择收刈的最佳时期的原则，首先以单位面积内营养物质最高期，其次是有利于牧草的再生和安全越冬。根据上述两条标准，禾本科牧草、豆科牧草的收割适期是不同的。

2. 禾本科牧草适宜的收刈期

禾本科牧草地上部在孕穗－抽穗期，叶片多，粗纤维少，质地柔软，粗蛋白质含量高，胡萝卜素的含量也高，而此时，牧草的高度也将达最高，此时收刈对下年的分蘖生长无大影响，而且到越冬期还留存一段时间，足以积累养分供越冬及明春生长。而 1 年生禾本科牧草则依当年的营养和产量来决定，一般在抽穗后收刈。

3. 豆科牧草适宜的收刈期

豆科牧草不同生育期的营养成分变化比禾本科更为明显。例如，开花期比孕蕾期收刈，粗蛋白质减少 1/3～1/2，胡萝卜素减少 1/2～5/6。豆科牧草进入花期后，下部叶片枯黄脱落，收刈越晚，叶片脱落也越多。豆科牧草进入成熟期后，茎变得坚硬，木质化程度高，而且含胶质较多，不易干燥，而叶片薄而干得快，造成严重落叶现象。而豆科牧草叶的营养物质是茎的 1～2.5 倍。所以豆科牧草不应过晚收刈。

多年生豆科牧草如苜蓿、沙打旺、草木樨等根据生长情况，营养物质以现蕾至初花期为收刈适期，此时的总产量达最高，对下茬生长无大影响。但个别牧草品种、气候条件也影响收刈后牧草品质，在生产实践中，应灵活掌握，如以收获维生素为主的牧草可适当早收。

其他科牧草也应根据其营养状况、产量因素和对下茬的影响来决定收刈时期，如菊科的串叶松香草、菊苣、菊芋等以初花期为宜，而藜科的伏地肤、驼绒藜等以花期至结实期为宜。

（四）干燥过程中营养损失

为减少青干草的营养物质损失，在牧草收刈后，应该使牧草迅速脱水，促进植物细胞快速死亡，减少营养物质不必要的分解浪费。

1. 牧草干燥水分散失的规律

正常生长的牧草含湿量为 80% 左右，青干草达到能贮藏时的水分则为 15% ~ 18%，最多不得超过 20%，而干草粉则含湿量为 13% ~ 15%。为了获得这样含水量的干草或干草粉，必须将植物体内的水分快速散失。收刈后的牧草散发水分过程大致分成两个阶段：

第一阶段：也称凋萎期，此时植物体内水分向外迅速散发，良好天气，经 5 ~ 8 小时左右，禾本科牧草含水量减少到 40% ~ 45%，豆科牧草减少到 50% ~ 55%。这一阶段从牧草体内散发的是游离于细胞间隙的自由水，散失水的速度主要取决于大气含水量和空气流动，所以干燥、晴朗有微风的条件，能促使水分快速散失。

这一阶段水分减少，但细胞仍在活动，为了维持细胞的生命活动，植物体内的贮藏营养物质被分解和转化，如一部分淀粉转化为双糖或单糖，因呼吸能量而消耗，少量蛋白质被分解成氨基酸为主的氮化物，这时牧草体内是以异化作用为主的代谢阶段，也称饥饿代谢。这一阶段养分损失在 5%～10% 左右。胡萝卜素的损失较少，为了减少营养损失，必须尽快促进水分再度减少，加速细胞死亡。

第二阶段：是植物细胞酶解作用为主的过程。这个阶段牧草体内的水分散失较慢，这是由于水分的散失由第一阶段的蒸腾作用为主，转为以角质层蒸发为主，而角质层有蜡质，阻挡了水分的散失。使牧草含水量由 40%～55% 降到 18%～20%，需 1～2 昼夜。

为了使第二阶段水分快速散失，采取勤翻晒或堆成小堆的办法。不同植物保水能力也不相同，豆科牧草比禾本科保水能力强，它的干燥速度比禾本科慢，这是由于豆科牧草含碳水化合物少，蛋白质多，影响了它的蓄水能力的缘故。另外，幼嫩的植物纤维素含量低，而蛋白质物质多，保水能力强，不易干燥，相对枯黄的植物则相反，易干燥。同一植物不同器官，水分散失也不相同，叶片的表面积大，气孔多，水分散失快，而茎秆则水分散失慢。因此，在干燥过程中要采取合理的干燥方法，尽量使植物各个部位均匀干燥。

在晒制青干草时，牧草经阳光中紫外线的照射作用，植物体内角固醇转化为维生素 D，这种有益的转化，成为我国北方地区家畜冬春季节维生素 D 的主要来源。

在牧草干燥后，贮藏时，牧草植物体内的蜡质、挥发油、萜烯等物质氧化产生醛类和醇类，使青干草有一种特殊的芳香气味,增加了家畜的适口性。

2. 牧草晾晒过程中的损失

牧草在晾晒过程中有许多损失,因此要及时将牧草堆积、打捆,或放到通气良好的棚内防止日晒、雨淋损失。

据测定,青干草在强烈的日光下,造成胡萝卜素、叶绿素、维生素 C 的破坏、分解,降低了干草质量。在晒制干草时,机械作业也会造成损失,如豆科牧草的落叶、捡拾不净、打捆不紧等。特别要注意在捡拾、打捆时,应选择早晨或傍晚湿度大时进行作业,草捆要直接放入草棚,减少由于作业过程造成的损失。

晒制干草最忌雨淋,特别在植物细胞死亡之后,提高了原生质的渗透性,植物体内养分(可溶性)可自由地通过死亡的原生质膜而流失。

总之,晒制青干草过程中营养物质的损失较大。总的营养物质要损失 20% ~ 30% ,可消化蛋白质损失 30% 左右,维生素损失 50% 以上。若遭雨淋,贮存不当发生霉烂,常年曝晒受阳光的漂白作用,则损失更大。

(五) 晒制青干草的方法

1. 地面干燥方法

地面干燥法是被广泛应用的晒制干草的方法。牧草收刈后,就地晾晒 5 ~ 6 小时,使之凋萎,用搂草机搂成松散的双行草垄,再干燥 6 ~ 7 小时,含水量为 35% ~ 40% ,用集草器集成小堆或用打捆机打成草捆。集成小堆的草视情况干燥 1 ~ 2 天,可晒成含水量 15% ~ 18% 的干草。

2．草架干燥方法

栽培牧草，特别是豆科牧草植株高大，含水量高，不易地面干燥，采用草架干燥。用草架干燥，可先在地面干燥 4～10 小时，待含水量降至到 40%～50%时，然后自下而上逐渐堆放。草架干燥方法虽然要花费一定经费，建造草架，劳动力也要多用一些，但草架干燥能减小雨淋的损失、通风好、干燥快，能获得较好的青干草，营养损失也少，特别在湿润地区，适宜推广应用这种方法。

3．使用化学制剂加速干燥

近年来，国内外研究用化学制剂加速豆科牧草的干燥速度，应用较多的有：碳酸钾、碳酸钾加长链脂肪酸的混合液、碳酸氢钠等。其原理是这些化学物质能破坏植物体表面的蜡质层结构，促进植物体内的水分蒸发，加快牧草干燥速度，减少豆科牧草叶面脱落，从而减少了蛋白质、胡萝卜素和其他维生素的损失，但成本要增加一些。适宜在大型草场进行。

为了便于掌握牧草的含水量变化，除用仪器测定外，在生产实践中常用感观法测定牧草的含水量。

（1）含水量在 50%以下的牧草。

①禾本科牧草　晾晒后，茎叶由鲜绿变成深绿色，叶片卷成筒状，茎保持新鲜，取一束草用力拧挤，成绳状，不出水，此时含水量为 40%～50%。

②豆科牧草　叶片蜷缩呈深绿色，叶柄易断，茎下部叶片易脱落，茎的表皮能用手指甲刮下，这时的含水量为

50%左右。

（2）含水量在25%左右的牧草。禾本科牧草用手揉搓时。不发生沙沙响声，拧成草绳，不易折断；豆科牧草用手摇草束，叶片发出沙沙声，脱落。

（3）含水量在18%左右的牧草。禾本科牧草揉搓草束发出沙沙声，叶卷曲，茎不易折断；豆科牧草叶嫩枝易折断，弯曲茎易断裂，不易用手指甲刮下表皮。

（4）含水量15%左右的牧草。禾本科牧草用手揉搓发出沙沙声，茎秆易断，拧不成草辫；豆科牧草叶片大部分脱落，茎秆易断，发出清脆的断裂声。

（六）青干草的贮藏

调制良好的青干草，应该合理贮藏，能否合理安全贮藏，是保证青干草品质的关键。贮藏方法不当，不仅会影响干草的质量，而且还会发生火灾事故。

在干草贮藏时，由于设备条件、方法的不同，干草的营养物质消耗与损失都有较大差异。露天散垛，营养损失为20%~40%，胡萝卜素达50%以上，特别是雨淋后损失更大，垛顶垛底霉烂达1米左右。草棚保存营养损失3%~5%，胡萝卜素损失20%~30%。高密度的草捆贮藏，营养损失仅为1%，胡萝卜素损失10%~20%。

1. 散干草堆藏

当干草的水分降到15%~18%时，即可进行堆藏。

（1）露天堆藏　散干草在露天堆成草垛，形式有长方形、圆形等，这种堆草方式延续久远，经济简便，农区、牧区都采用这种方法贮藏干草。但是，由于露天易受风雨危害，使干草褪色，营养损失较大，若垛内积水，还会发生霉烂。为了减少损失，要注意垛址选在高燥地方，并且背风、排水良好。堆草时，注意分层堆积，垛中心要压实，四周边缘要整齐，垛顶要高，呈圆形，草垛从1/2处开始，从垛底到收顶应逐渐放宽约1米左右，形成上大下小的形式，顶部用厚塑料布覆盖，并压好，也有的顶部用一层泥封住。

（2）草棚堆藏　雨量大的地区或大的牧场，应建造草棚，可大大减少青干草的营养损失。

2. 草捆贮藏

散干草堆成垛，体积大，贮运也不方便，现在都采用草捆的方法，即把青干草压缩成长方形或圆形草捆进行贮藏。这种方法便于运输，减少贮藏空间，还节约劳力，青干草的营养损失大大降低。

目前，国内有专门生产的打捆机，也有从国外进口的打捆机。有单一打捆的专用打捆机，也有前边捡拾，后边打捆的机械。草捆根据需要，有50千克、100千克。草捆密度为 350 千克/m^3，草捆规格为 0.36 米 × 0.46 米 ×0.6～0.8 米。

草捆可垛成长为 20 米，宽为 5～6 米，高为 20～25 米层的垛，每层设通风道。可露天堆放，最好放入草棚，露天贮藏要在垛顶部用篷布或塑料布覆盖，以防雨水浸入。

3. 半干草贮藏

为了调制优质干草，在雨水较多的地区可在牧草含水量达到35%～40%时即打捆，打捆用机械，要压紧，使草捆内部形成厌氧条件，不会发生霉变。为了防止霉变，也可用0.5%～1%的丙酸喷洒草表面，不仅杀霉菌，还可以提高青干草的质量。

三、草粉、草块、草颗粒生产

草粉、草块、草颗粒也称草产品。草产品在国外也形成了庞大的产业系统，为畜牧业生产提供优质草产品，促进了畜牧业的发展。

由优质干草制成草粉，由草粉压制成草块、草颗粒，也有将优质鲜牧草收刈后，经人工快速干燥，粉碎制成草块、草颗粒，或将鲜草直接压成草块、草颗粒，再人工烘干。这种草产品质量好、运输、贮藏方便，在发达国家已广泛应用。这种经高温快速干燥的草产品，总的营养物质损失仅2%～3%，胡萝卜素的损失也在1%以下，是值得大力推广的一种生产方式。

草产品在世界各国发展很快，美国每年用于配合饲料的草粉达200万～300万吨，日本每年需用220万吨，中国每年需要草产品在1000万吨以下，东南亚、韩国的需求也在增加。

我国草产品生产还刚刚开始，在配合饲料中，草粉占的比例很小，有的饲料加工厂需要优质草粉，但受生产条件限制，特别是烘干设备、原料的运输还不能很好衔接。但我国饲草资源丰富，富含蛋白质的牧草很多，很适宜加工制成草粉、草块。目前，东北、内蒙古、新疆、河北、山东等省、自治区已建立了饲草生产基地，并建立了草粉生产工厂。随着我国饲料工业的发展，草产品生产必将快速发展起来。

（一）草粉生产技术

草粉多是豆科牧草，如苜蓿、三叶草、沙打旺、红豆草等，在牧草蛋白质最高、产量也最好的时期收刈。刈取后，最好用人工的干燥方法。

快速人工干燥是将切碎的牧草放入烘干机中，通过高温空气，使牧草迅速脱水。时间依机械型号而异，从几小时到几十分钟，或几分钟使牧草的含水量由80%迅速降到15%以下。烘干机有气流管道式和气流滚筒式两种类型。

目前，我国除引进一些大型烘干机外，也研制了一批简易、耗能低的烘干机，也能加工出优质青干草粉。

（二）草块与草颗粒生产技术

为了饲喂方便，减少草粉在运输过程中的损失，也便于贮藏，生产中常把草粉压制成草块、草颗粒。在压制过程中，还可以加入抗氧化剂，使草块、草颗粒更耐贮藏，营养损失更少。

（三）干草压块技术

属固定作业式压块机。将干草切成长3~5厘米，用内蒙古农牧学院等研制的9KU—650型干草压块机，加入适量水分（约30%），送入输送装置，由输送搅龙搅拌，送入喂入装置，将物料连续、均匀输入主机压块室内，经内摩擦力及压力的作用，将草粉压成方形草棒，再由安装在机壳上的切刀切成适当长度的草块。

草块规格为30毫米×30毫米×40毫米，密度为0.6~1.0克/立方厘米，1小时加工豆科牧草1~1.5吨；禾本科牧草0.5~1.0吨。

还有以新鲜牧草为原料，与有关机具配套作业的移动式烘干压饼机。这是由高温干燥机、压饼机、发动机、热发生器和燃料箱组成。

该机作业的流程是：先将草切成2~5厘米的碎段，输入到干燥筒，烘干到水分由75%~85%降到12%~15%，再进入压饼机，压成55~65毫米、厚约10毫米的草块。在作业时，还可根据饲料的需要加入尿素、矿物质、微量元素及其他添加剂。

（四）饲料砖生产技术

把用于牛、羊补充蛋白质的饲料和矿物质放入草粉中，加入适量的玉米粉，压制成砖块状，供牛、羊舐食。可以对牛、羊的冬季、早春饲料不足时起营养补充作用，可促进牲畜的生长发育，对母畜产仔泌乳都有好处。

生产上应用的种类很多，可以根据畜种灵活掌握，常用的有：

尿素盐砖：以尿素，矿物元素、精料、食盐、黏合剂

（糖蜜渣）以及维生素为主，混入草粉中压制而成。

盐砖：以盐为主，加入玉米粉、尿素、微量元素混入草粉中制成。

四、粗饲料加工技术

粗饲料如作物秸秆、皮壳等是反刍动物的主要饲料来源，我国每年有 4000 亿吨的秸秆，除工业和薪材用外，每年约有 1300 亿吨可用做饲草。秸秆的营养价值较低，纤维含量高，据测定，秸秆类饲料分别含脂肪量 1%～2%、灰分 4%～8%、纤维素 38%～48%、蛋白质仅为 2%～3%，几乎没有胡萝卜素。但是反刍动物是必须要食用纤维素的，关键是如何利用这一丰富的饲草资源。

粗饲料的加工方法很多，有物理处理（浸泡、蒸煮）、生物处理（发酵、人工瘤胃、纤维素酶分解）、化学处理（碱化、氨化、酸处理）等。

（一）粗饲料的物理处理

1. 浸泡

将粗饲料切碎，加水浸泡，使秸秆软化，也可加入石灰粉，浸泡后，再捞出煮沸，用清水漂洗后，再可饲喂，加入适当精料，可喂猪。浸湿的秸秆，加入精料拌好，牛、马、羊均喜食。

2. 蒸煮

有的秸秆如稻草、麦秸、麦壳切碎后放入铁锅内蒸

5～6小时，牛喜食。

（二）粗饲料的生物处理

粗饲料的生物处理就是利用乳酸菌、酵母菌等有益的微生物，在适宜的条件下产生纤维素酶，分解软化粗饲料中的纤维素，同时菌体中的蛋白质、维生素又被动物吸收，即改善了味道，又提高了饲料适口性和营养价值，是国内外普遍采用的方法。

1. 秸秆微贮技术

秸秆微贮技术就是在农作物秸秆中加入微生物高效活性菌种——秸秆发酵活干菌，在密封条件下发酵后制作的优质饲料。它具有适口性好、成本低（仅为氨化秸秆的20％）、制作简单等优点。具体操作步骤如下：

（1）激活菌种　秸秆发酵活干菌每袋3克，可自取麦秸、稻秸、玉米秸1000千克或青秸秆2000千克。处理前，将菌种倒入200毫升水中充分溶解。有条件时可先在水中加入2克白糖，溶解后再加入活干菌，复活率可提高10倍，然后在常温下放置1～2小时，使菌种复活。复活好的菌种一定要当天用完，不可隔夜使用。

（2）配制菌液　将复活好的菌液倒入充分溶解的1％食盐溶液中搅拌均匀，一般黄玉米秸秆1000千克用活干菌3克、水800千克、食盐8千克。处理青秸秆，活干菌用量减半，不加食盐或适量加入，贮料含水量要求达到60％～70％。

（3）装窖　用铡草机将秸秆铡成2～3厘米长，在窖底铺放 20～30 厘米厚秸秆，然后均匀喷洒菌液并踩实，装一层喷一层踩一层，连续作业，直到高出窖口 40 厘米再封口，用手握秸秆无水滴，手上水分明显，含水量即达到 60%～70%。每层可撒入秸秆量 0.5% 的玉米面、麦麸等，要求当天制作当天封窖。

（4）封窖　装窖高出窖口 40 厘米，充分踩实后，最上层均匀撒上食盐粉 250 克/平方米，以防上层腐烂，盖上塑料薄膜后，在上面铺 20～30 厘米厚秸秆，覆土 50 厘米厚。封窖后发现下沉，及时用土填平，周围挖好排水沟。

（5）开窖及利用　装窖后 30 天即可开窖利用。优质微贮饲料玉米秸秆呈金黄色，青玉米为主的秸秆呈橄榄绿色，具有酒香或果香味，手感质地松散，柔软湿润。饲喂时要先少后多，经过 7～10 天达到标准喂量。日喂量：牛 15～20千克，羊 1～3 千克，马、驴、骡 5～10 千克。

2. EM 菌液微贮技术

EM 菌液是由营养液与菌液按一定比例配备使用的一种液体制剂，是由日本的比嘉照夫博士研究发明的，在我国已经开始普遍推广。长沙依恩实业有限公司及国内部分地区均有生产出售。试验表明，用 EM 微生物处理稻草喂浏阳黑山羊，日增重达 92.22 克，比未处理组提高 15%，是一种较好的牛、羊饲料。

（1）处理方法与步骤　首先进行 EM 菌液增活与稀释：按贮存 1000 千克秸秆所需 EM 菌液进行增活与稀释，将专用营养糖液 500 毫升（或 375 毫升），倒入 500 毫升温水中充分溶解，再将溶解后的营养糖液倒入装有25千克的30℃左右的温水容器中搅拌，当容器中水温在30℃时，将2000毫升的EM原液倒入容器中搅拌，待糖液与菌液混匀后，加盖保温2~3小时增活。另取1200千克水加食盐9千克，充分搅拌溶解，最后将增活后的菌液倒入1200千克盐水中搅匀备用。稀释后的菌液必须当天用完。

其次将1000千克秸秆切成2~3厘米长或粉碎或粗粉状备用。

然后填料。在窖底（池底）铺放20~30厘米厚的备用秸秆原料，撒入1%的大麦粉，或玉米粉和麦麸各占50%的混合粉，按1∶1的比例均匀喷洒EM菌液水，分层拌匀压实秸秆。再加入20~30厘米厚的秸秆原料，喷洒菌液并撒大麦粉或玉米粉和麦麸混合粉，拌匀压实秸秆，直至装料高出窖（池）口40厘米以内。在这一步中，分层压实的目的是为了排除秸秆中的空气，为EM微生物群的繁殖造成厌氧条件。

最后封窖。秸秆分层压实直到高出窖口30~40厘米，再作最后加力压实，上面均匀撒上食盐（食盐用量要求250克/平方米以上，以防上层秸秆发霉变质）。盖上厚塑料膜，窖或池边要与塑料薄膜接合严密，不允许有任何漏气的现象。薄膜上面再加20厘米的秸秆，覆盖15~20厘米的土，确保窖顶密封不漏气。

EM微贮秸秆生物饲料的水分要求在60%~70%之间，最为适宜。

（2）贮存发酵的时间　　不同的季节，发酵时间有一定差异，一般夏季3~4天以上，秋季5~7天以上，冬季10~15天以上。发酵完全的微贮饲料，颜色呈金黄色或茶黄色，手感松散湿润而柔软，具有醇香（酒香）味和苹果香味，口尝有弱酸甜味。如果手感干燥粗硬，则属品质不良。秸秆内水分过高导致发酵温度偏高，则酸味加强，发现有腐臭味或霉变味时，手感发黏，则不能用于喂羊，应弃作肥料。

（3）使用注意事项　　①饲料贮存必须达到规定时间，让微生物充分发酵后，才能用于喂牛、羊；②每次取料后必须加盖严密，切忌将窖内的微贮饲料全部暴露或长时间暴露，每次取出的料必须当天喂完，不能隔天喂；③发霉变质的饲料不能喂牛、羊。

（三）粗饲料的化学处理

1. 碱处理

（1）氢氧化钠处理　　粗饲料中纤维素含量高，有65%~80%的纯纤维，有16%~32%的木质素和角质物质坚固地充满纤维中，它们妨碍动物的消化。秸秆在碱的作用下，使纤维失去坚硬，变软，因为碱的氢氧根（-OH）可以使纤维素中纤维素与木质素之间发生断裂、膨胀，有利于牛、羊瘤胃中纤维素酶的分解。氢氧化钠也不能过多，过多降低适口性，还污染环境。

（2）处理方法

①喷洒碱水法　　将切成2~3厘米的短草，1千克秸

秆喷洒 5% 的氢氧化钠溶液 1 千克，边喷边搅拌，第二天即可饲喂。处理后的粗饲料呈鲜黄色，有咸味，pH 值为 10 左右。

②喷洒碱后堆积发热法　用 25% ～ 45% 的氢氧化钠溶液，均匀洒在切碎的秸秆上，再堆成 3 ～ 5 吨的大堆，使其发热至 80℃ ～ 90℃，经 15 天后，温度降下来，即可饲用。大型牧场可用机械搅拌处理，草堆不用覆盖，处理前秸秆的含水量在 17% 左右。处理后的粗饲料，适口性和消化率都有提高。

③喷洒碱水后封存处理法　此法适宜在收获时秸秆尚青绿或被雨淋湿的情况下。用 60 ～ 120 千克的 25% ～ 45% 的氢氧化钠溶液处理 1 吨秸秆可封存 1 年。由于秸秆含水量高，封存时，秸秆温度不发生显著上升。

国外许多国家如丹麦、英国、美国等对碱化处理秸秆已工厂化。可以快速、大量处理秸秆，满足大型牧场的需要。

2. 石灰处理

利用石灰处理秸秆，利用石灰破坏纤维结构，能提高动物消化率 15% ～ 20%。使用的石灰只能用新鲜的，氧化钙不少于 90%，每 100 千克秸秆加石灰 3 千克，用量大了会降低适口性。

将 3 千克的石灰溶于 200 ～ 250 千克的水中，加入 1 ～ 1.5 千克食盐搅拌均匀，再把切碎的秸秆浸泡在溶液中 5 ～ 10 分钟，捞出后放在挡板上压实，经 2 ～ 3 小时后，再浇一遍石灰水，放置 24～36 小时，不必冲洗即可饲喂家畜。

在调制好的秸秆中必须补充磷。用石灰处理秸秆的方法，可以提高秸秆的营养价值 0.5～1 倍，有机物质消化率由 40%～50% 提高到 69%～72%。

3. 氨化处理秸秆

氨化处理秸秆，是目前应用最广泛的一种处理粗饲料的方法。

（1）氨化秸秆的优点：

①氨化后的秸秆有机物质消化率提高 8%～12%；

②提高秸秆的含氮量 8～10 克/千克；

③改善了秸秆的适口性；

④便于贮藏水分高的秸秆；

⑤杀死秸秆中的病菌和虫卵；

⑥可作为牛、羊育肥及越冬时粗饲料的主要来源，也可用做奶牛的纤维素饲料。

（2）制作原理　尿素等含氮化合物在秸秆尿酶的作用下分解出氨，氨能破坏纤维素与木质素的复合结构，使纤维素变得容易消化。另一方面，牛、羊瘤胃微生物能利用氨合成菌体蛋白，菌体蛋白就能被真胃和小肠消化吸收，变成牛自身的营养，以达到维持牛的正常生命代谢和增重的目的。

（3）制作方法

①原料处理　先将优质干燥秸秆切成 2～3 厘米长，

含水量在10%以下（麦秸、玉米秸要揉碎，稻草7厘米长）。

②氨贮容器的准备　或制氨贮窖（与青贮窖同）、氨贮袋（与青贮袋同）、氨贮桶（缸）、坑和塑料薄膜等。

③尿素配制　将尿素配成6%～10%水溶液，秸秆很干燥可配成6%的溶液，反之浓度可高些。为了加速溶解，可用40℃的热水搅拌溶解。如用0.5%的盐水配制，适口性更好。

每100千克秸秆喷洒尿素水溶液30～40千克左右，使尿素含量每100千克秸秆为2～3千克左右，边洒边搅拌，使秸秆与尿素混合均匀。尿素溶液喷洒的均匀度是保证氨化秸秆料质量的关键。

④密封腐熟　把拌好的稻草放入氨化池（不漏气的水泥池）、塑料袋、缸、禾筒、干燥的地窖都可以，压实密封。密封方法与青贮同，夏季10天，春秋季半个月，冬季30～45天左右即可腐熟使用。

⑤判定标准　质地好的秸秆氨化饲料，手捏柔软蓬松，有潮湿感，色泽呈黄褐色，pH值为8左右，有糊香味，开封时有氨气散出；如果色泽呈黑色或棕黑色，黏结成块，则已霉败变质，不能使用；如果色泽黄白（稻、麦秸），氨气微弱，是漏气或者是尿素溶液过稀过少所致，是未腐熟的表现，也不能用；如果发霉更不能使用。

⑥饲喂方法　喂前散氨。刚氨化好的秸秆氨味很浓，直接饲喂一方面影响采食量，另一方面食后易发生中毒，

所以在喂前一定要进行通风散氨。通风散氨就是在饲喂前摊开晾一晾，散氨程度以稍有氨味，不强烈刺激鼻、眼为宜，通气时间与气温和天气有关，一般晴天，气温高，并且有风时，散氨时间就要短一些，否则，散氨时间要长些。每次摊晾数量以够一天用量为宜。若天气不太好、气温比较低，可多晾一些。注意散氨后要拢堆保存，以免晾得太干氨损失大，影响尿素的利用率。

喂量及注意问题。刚开始，喂量要由少到多，氨化秸秆要晾干一些，以无氨气为宜，等完全适应后再缩短摊晾通气时间；或刚开始与牛喜食的草料相搭配，以后逐渐增加氨化秸秆的喂量。喂后半小时饮水，以延长氨在瘤胃中停留的时间，有利于菌体蛋白的合成和避免发生食后氨中毒。喂后一旦发现有中毒症状，如反刍减少或停止、唾液分泌过多、不安、发抖、步态不稳定，则应立即停止喂氨化秸秆，或把氨化秸秆晾干喂；同时服鸡蛋清、牛奶、植物油，或用20%的醋酸溶液2~3升灌服。

湖南天泉科技开发有限公司简介

　　湖南天泉科技开发有限公司以高新科研成果立足于湖南大农业，积极开发林业、草业、园林技术、在林、草业的引种科研和生产领域填补了省内空白。湖南省科委于1999年12月向公司颁发了《民营科技型企业资格认定证书》。

　　公司以"天人合一，回归自然"为理念，以"最新科技成果、添绿大自然、造福社会"为目标，聚集了一批优秀的管理和技术人才。中国林科院黄东森研究员、许传森高级工程师出任公司高级技术顾问，留美博士李保军、湖南林科院吴立勋研究员为公司技术总监，公司依托中国林科院和美国Srmplot草业公司在湖南建成了667公顷苗木、草毯、牧草生产基地，已具备年产"山川秀丽"牌速生杨100万株，复合无土基质草毯、植生毯40万 m^2 的生产能力。公司在南方引种白杨成功，优品黑杨育苗、复合无土基质配方、屋顶草皮开发、移动式草毯工厂化生产等领域取得重大成果。公司推出的"山川秀丽"牌复合无土基质草毯在湖南省第二届农博会上荣获"金奖"，速生杨树苗荣获"银奖";在2001年11月第三届农博会上，公司引进的优质牧草"健宝"又获"金奖"。湖南省水利厅、湖南省林业厅、湖南省畜牧水产局已先后与天泉公司建立合作关系。

公司从保护生态环境出发，在引进中国林科院专利技术的基础上，应用无土基质培育出不含杂草、抗践踏、重量轻、任意裁剪的草毯，可在硬质地面上生长，从而开创了立体绿化新途径；公司研制的草毯联合播种机，具有种草全部实现机械化作业的特点，达到国家级先进技术水平。在湖南省第二届农博会上，公司的草毯挂在室内墙上展出引起强烈反响，《湖南日报》刊登了题为"高科技无土草毯亮相农博会——这一技术填补省内空白"的报道。公司研制生产出适合湖南土壤气候特点的护坡草毯，强力护坡草毯在草毯生产中加入了具拉筋强度的土工格网和织物，用独特的工艺迫使草根盘缠，在草坪建植前草毯已形成一块整体，其强度可达到整块垂挂的程度，应用在护坡上非一般草皮护坡所能比。在洞庭湖二期治理国家计划的草皮护坡试验项目取得圆满成功，并推荐与湖南省洞庭水利工程局联合申报水利部"948"科研支持项目。

公司具有完整的质量保证体系，以精诚团结、追求卓越的公司精神，以高起点、高科技产品作后盾，先后完成了大、中、小型绿化项目11个，其中大型重点工程中标有3个，成为湖南草业第一品牌企业。

2001年公司从荷兰安地集团太平洋种子公司引进优

质杂交饲草"健宝"（Jumbo）。在省、市畜牧水产局的支持下完成了 2 个主试验区和 9 个配套试验区共 3.27 公顷的引种栽培试验，并对前四茬"健宝"饲草委托湖南农业大学进行营养成分的检测分析。写出了 4 个阶段小结和综合试验报告。2001 年 9 月份召开了中外专家评议会，12 月召开了由省畜牧水产局组织主持的成果鉴定会。专家们一致认为："'健宝'饲草是一个适应高温、高湿，生长速度快，耐刈取、产量高、营养价值较好的 1 年生牧草新品种。在解决夏秋饲草均衡供应方面有较好的发展前景，适合于在湖南省推广"。同时，"试验首次系统地研究了稻田种草技术，填补了省内空白，达省内同类项目领先水平。对全省稻田改制、种草养畜具有指导意义。"

　　公司计划 2002 年进行中试，在浏阳市永安镇朱陵村建立"健宝"饲草 20 公顷示范基地，并与湖南亚华种业宾佳乐乳业有限公司及常德市武陵区等地签订 200 公顷"健宝"饲草种草合同。2003 年进行大面积推广，计划种植"健宝"饲草 1300 余公顷。公司准备走农业产业化的道路，从 2002 年开始进行牧草草产品（袋装青贮饲料、青干草捆、青干草粉、草颗粒、草块）的加工生产。逐步走农民种草、企业收购加工，公司加农户，订单农业的产业化道路。为农业增效、农民增收做出应有的贡献。